深度学习系列

# 深度学习快速实践

## ——基于 TensorFlow 和 Keras 的
## 深度神经网络优化与训练

〔美〕迈克·贝尼科（Mike Bernico） 著

王卫兵 田皓元 徐 倩 等译

机械工业出版社

CHINA MACHINE PRESS

本书内容包括神经网络的基础、深度神经网络的优化和验证、深度神经网络开发和训练环境的构建、使用Tensor-Board进行网络训练的监控和模的超参数优化。本书详细介绍的深度学习问题，包括基本的回归问题、二元分类问题和多元分类问题，还包括较为复杂的卷积神经网络对图像的分类和使用预训练CNN进行的迁移学习；使用递归神经网络进行时间序列预测、自然语言分类，以及通过sequence-to-sequence模型进行机器翻译；深度强化学习的智能体构建，以及生成对抗网络的图像生成。

本书从实践的角度给出了许多宝贵技巧和经验，内容力图详尽，并给出了详细的代码，对读者进行深度神经网络的实际开发和应用具有较高的指导和参考价值。

图书在版编目（CIP）数据

深度学习快速实践：基于TensorFlow和Keras的深度神经网络优化与训练/（美）迈克·贝尼科（Mike Bernico）著；王卫兵等译.—北京：机械工业出版社，2020.2
（深度学习系列）
书名原文：Deep Learning Quick Reference: Useful hacks for training and optimizing deep neural networks with TensorFlow and Keras

ISBN 978-7-111-64627-3

Ⅰ.①深… Ⅱ.①迈…②王… Ⅲ.①机器学习 Ⅳ.① TP181

中国版本图书馆CIP数据核字（2020）第021721号

机械工业出版社（北京市百万庄大街22号 邮政编码100037）
策划编辑：任 鑫　　　　　责任编辑：翟天睿 任 鑫
责任校对：李 杉 樊钟英 封面设计：马精明
责任印制：郜 敏
北京中兴印刷有限公司印刷
2020年3月第1版第1次印刷
184mm×240mm · 11.25印张 · 251千字
0 001—4 000册
标准书号：ISBN 978-7-111-64627-3
定价：69.00元

电话服务　　　　　　　　　网络服务
客服电话：010-88361066　机 工 官 网：www.cmpbook.com
　　　　　010-88379833　机 工 官 博：weibo.com/cmp1952
　　　　　010-68326294　金 书 网：www.golden-book.com
封底无防伪标均为盗版　机工教育服务网：www.cmpedu.com

# 译者序

  人工神经网络（Artificial Neural Network，ANN）是一种模仿生物神经网络行为特征，进行分布式并行信息处理的算法模型。这种网络依靠系统的复杂程度通过调整内部大量节点之间相互连接的关系，从而达到处理信息的目的，并具有自学习和自适应的能力。在工程与学术界也常直接将人工神经网络简称为神经网络。

  深度学习是机器学习研究中的一个活跃领域，其动机在于建立模拟人脑进行分析学习的神经网络，它模仿人脑的机制来解释诸如图像、声音和文本之类的数据。深度学习的概念源于人工神经网络的研究，深度学习结构含有多隐层的多层感知器，通过低层特征的组合形成更加抽象的高层表示属性类别或特征，以发现数据的分布特征表示。由于其强大的功能、良好的适应性，以及其结构的相对规整和易构性，目前在数据分析、图像及语音识别、趋势预测、机器翻译、机器博弈等众多领域均得到了广泛应用，并取得了令人瞩目的表现。

  本书的作者 Mike Bernico 是一名资深的数据科学家和计算机科学家，在深度神经网络开发和应用方面具有丰富的实践经验。作者撰写本书的目的是应当前深度机器学习研究和应用的需要，将自己在该领域的相关理论积累以及从实践中亲手获得的实际经验分享给读者，使其能够快速了解和掌握深度机器学习的全貌，并迅速着手进行基于 TensorFlow 和 Keras 的深度神经网络优化与训练。

  本书首先在有关神经网络的基础知识的基础上，介绍了深度神经网络的优化算法和模型验证方法，并构建了一种适合深度神经网络开发和训练的环境。结合深度学习问题，进一步介绍了使用 TensorBoard 进行网络训练的监控，为读者进行模型训练提供了监控和调试的手段。本书还详细讨论了进行模型调优的超参数优化方法。关于深度学习的问题，本书所介绍的内容包括基本的使用深度学习解决回归问题、二元分类问题和多元分类问题；还包括较为复杂的使用卷积神经网络对图像进行分类和使用预训练的 CNN 进行迁移学习，使得所构建的卷积神经网络即使在数据非常少的情况下也能使图像分类器具有惊人的性能。本书还详细介绍了使用递归神经网络进行时间序列的预测、自然语言的分类，以及通过 sequence-to-sequence 模型的训练进行机器翻译。本书的内容还有使用深度强化学习构建一个自主智能体的方法，以及采用生成对抗网络进行的学习图像的生成。此外，本书还从实践的角度给出了许多诸如网络过度拟合的解决方法，增强网络稳定性的解决方案等宝贵技巧和经验。

  总之，尽管本书的宗旨不在于介绍深度机器学习理论，但也给出了相关的理论基础和相关问题的完整信息，使得本书在注重实践性的前提下，也保证了读者学习的完整性。其所给出的深度神经网络的构建方法、数据集的处理以及网络训练的实施力图详尽，并给出了详细代码，为读者进行深度神经网络的实际开发和应用具有较高的指导和参考价值。对于一个初学者来说，本书的意义在于通过详细的实施过程，使得读者能够透彻理解相应的理论和模型，这对理论学习是非常重要的。对于具有较好理论基础的读者来说，本书的意义在于通过本书的内容，使得读者能够直观地观察到相应模型的表现，这对模型的改进以及理论的创新具有启发性。

本书由王卫兵、田皓元、徐倩等翻译，其中的译者序、原书序、原书前言等部分由徐倩撰写和翻译，第 1~4 章由田皓元翻译，第 5~13 章由王卫兵翻译。王卓、李想、万文、张宏、张霁、郭文兰、金胜利、卢江、张维波、代德伟参与了本书的翻译工作。全书由王卫兵统稿，并最终定稿。在本书的翻译过程中，全体翻译人员为了尽可能准确地翻译原书内容，对书中的相关内容进行了大量的查证和分析，以求做到准确无误。为方便读者对相关文献的查找和引用，在本书的翻译过程中，本书保留了所有参考文献的原文信息，并保留了所有引用的作者姓名的原文。对书中所应用的专业术语采用了中英文对照的形式。对于本书的翻译，全体翻译人员均做出了巨大努力，付出了艰辛的劳动，在此谨向他们表示诚挚的感谢。鉴于本书较强的专业性，并且具有一定的深度和难度，因此，翻译中的不妥和失误之处也在所难免，望广大读者予以批评指正。

译　者
2019.11 于哈尔滨

# 原书序

我第一次见到 Mike Bernico 是在我们成为一个财富 50 强公司的新数据科学团队的两位创始成员的时候。然而，那时候是一个使人摸不着头脑的时代，由于没有正式的数据科学教育这样的学科，所以我们都是自学成才。我们是一群具有冒险精神的人，并且各自有着不同的背景。之所以关注和学习数据科学和技术，是因为需要通过它们来解决我们感兴趣的问题。

正是以这种务实的精神，Mike 编写了本书。深度学习通常被认为是深奥而难懂的；然而，在本书中，Mike 对深度学习技术的主体内容进行了分解，使其变得容易接近且便于应用。通过本书，您可以快速上手，并以各种不同的形式和风格，将深度学习应用到您自己的项目中。

在该学科被命名之前，Mike 就一直从事数据科学的研究和实践，还专门为大学生讲授这门课程，并且已经持续了三年时间。除此之外，他还是一位拥有多年工作经验的计算机科学家，是网络和安全方面的专家，并且他还具有与人交流和与非专业人士沟通的技巧。他目前是一家大型金融服务公司的首席数据科学家，在那里他设计数据科学系统，为直接应用或学术研究建立机器学习模型，同时也是初级数据科学家的导师，并为相关人士讲授数据科学，他对自己的领域非常精通。

通过本书，您在与作者一起构建示例网络的同时，还可以从 Mike 丰富的经验、幽默风趣和切实可行的方法中受益。在读完本书之后，无论是在乐趣还是在功能方面，您都将会有信心和知识来理解深度学习，并将其应用到您自己设计的项目中去。

J. Malia Andrus 博士

数据科学家

华盛顿州，西雅图

# 原书前言

本书演示了使用深度学习的快速而实用的方法。它专注于现实生活中的问题，并且提供了足够的理论和数据，以加强读者对该主题的理解。深度学习是一个令人兴奋的、快速发展的机器学习分支，但它也是一个可以被再分割的领域。这是一个让人无法抗拒的每天都在进行大量细致复杂研究的领域。在本书中，我将重点讲授您在各种实际问题上应用深度学习的技能。我对本书的最大希望在于它将可以为您提供使用深度学习技术解决机器学习问题所需的工具。

## 本书读者

我是一名实践数据科学家，我写这本书去记录其他实践数据科学家和机器学习工程师的数据。如果您是应用深度学习的软件工程师，那么本书也适合您。

如果您是一个深度学习的研究员，那么这本书也许并不适合您。但是，您不妨也购买本书，以便对书中缺乏证据和数学严谨性的地方提出批评。

如果您是学术或教育工作者，那么本书绝对适合您。在过去的三年里，我在 Illinois 大学 Springfield 分校教过 "数据科学的调查源" 这门课程，在这样做的过程中，我有机会激励了许多未来的机器学习研究人员。这段经历激励我创作本书。我认为这样一本书是帮助学生建立一个非常复杂的主题的好方法。

## 本书主要内容

第 1 章，深度学习的构建模块。回顾有关神经网络运行的一些基础知识，对优化算法和模型验证进行简单介绍，并构建一种适合深度神经网络的开发环境。

第 2 章，用深度学习解决回归问题。使您能够通过构建非常简单的神经网络来解决回归问题，并探讨这些更深层次、更复杂模型对问题的影响。

第 3 章，用 TensorBoard 监控网络训练。让您立即着手使用 TensorBoard，这是一个用于监控和调试未来模型的绝佳应用程序。

第 4 章，用深度学习解决二元分类问题。将帮助您使用深度学习解决二元分类问题。

第 5 章，用 Keras 解决多元分类问题。带您进行多元分类，并研究其中的误差问题，还会讨论过度拟合管理和最佳安全选择。

第 6 章，超参数的优化。给出两种不同的模型调优方法。一种是众所周知的、经过实战测试的方法，另一种则是比较先进的方法。

第 7 章，从头开始训练 CNN。教您如何使用卷积网络对图像进行分类。

第 8 章，使用预训练 CNN 进行迁移学习。介绍如何在数据非常少的情况下应用迁移学习，使得图像分类器具有惊人的性能。

第 9 章，从头开始训练 RNN。讨论 RNN 和 LSTM 网络，以及如何将它们用于时间序列预测问题。

第 10 章，从头开始训练具有单词嵌入的 LSTM 网络。进一步进行 LSTM 网络的介绍，并将其应用于自然语言分类任务。

第 11 章，训练 sequence-to-sequence 模型。帮助我们使用 sequence-to-sequence 模型进行机器翻译。

第 12 章，使用深度强化学习。介绍深度强化学习，并构建一个可以驱动自主智能体的 Deep Q 网络。

第 13 章，生成对抗网络。介绍如何使用生成对抗网络来生成令人信服的图像。

## 更好地利用本书

1）本书假设您已经体验过更传统的数据科学和预测建模技术，如线性/逻辑回归和随机森林算法。如果这是您第一次使用机器学习，那么这对您来说可能有点困难。

2）还假设您至少有一些使用 Python 编程的经验，或者至少有一些诸如 Java 或 C++ 之类的其他编程语言的经验。

3）深度学习是计算密集型的，我们在这里构建的一些模型需要 NVIDIA GPU 才能在合理的时间内运行。如果您没有快速的 GPU，那么您可以在 Amazon Web Services 或 Google Cloud Platform 上，通过使用基于 GPU 的云来实现。

## 约定惯例

本书中使用了许多文本约定。

代码文本（CodeInText）：表示文本中的代码字、数据库表名、文件夹名、文件名、文件扩展名、路径名、虚拟 URL、用户输入和 Twitter 句柄。例如，"这正是 ModelCheckpoint 回调为我们做的事情。"

代码块的设置如下：

```
def binary_accuracy(y_true, y_pred):
    return K.mean(K.equal(y_true, K.round(y_pred)), axis=-1)
```

当我们希望引起您对代码块特定部分的注意时，相关的行或项目以黑体进行显示。

```
def build_network(input_features=None):
    inputs = Input(shape=(input_features,), name="input")
    x = Dense(32, activation='relu', name="hidden1")(inputs)
    x = Dense(32, activation='relu', name="hidden2")(x)
    x = Dense(32, activation='relu', name="hidden3")(x)
    x = Dense(32, activation='relu', name="hidden4")(x)
    x = Dense(16, activation='relu', name="hidden5")(x)
    prediction = Dense(1, activation='linear', name="final")(x)
    model = Model(inputs=inputs, outputs=prediction)
    model.compile(optimizer='adam', loss='mean_absolute_error')
    return model
```

任何命令行输入或输出均按以下格式来表示：

```
model-weights.00-0.971304.hdf5
model-weights.02-0.977391.hdf5
model-weights.05-0.985217.hdf5
```

黑体：表示一个新的术语、重要的单词，或者您在屏幕上看到的单词。例如，在文本中出现的菜单或对话框中的单词即以此来表示。下面是一个示例："从 Administration 面板中选择 System info 选项"。

 警告或重要说明在此显示。

 提示和技巧在此显示。

# 关于作者

Mike Bernico 是 State Farm Mutual Insurance Companies 的首席数据科学家。他还是伊利诺伊（Illinois）大学斯普林菲尔德（Springfield）分校的兼职教授，在那里他教授数据科学基础、高级神经网络和深度学习。Mike 在 Illinois 大学 Springfield 分校获得了计算机科学硕士学位。他是开源软件的倡导者，因为它为世界带来了好处。作为一个有着无数爱好的终身学习者，Mike 还喜欢骑自行车、旅游摄影和酿酒。

在此，我要感谢 State Farm 公司的非常有才华的数据科学家，感谢他们无论是现在还是过去所给予我的友谊、专业知识和鼓励。

还要感谢我的技术审校，为本书提供了见解和帮助。最重要的是，我要感谢我的妻子 Lana 和我的儿子 Will，感谢他们在生活中为此书的撰写腾出了时间。

# 原书审稿人简介

Vitor Bianchi Lanzetta 拥有 São Paulo 大学应用经济学硕士学位，该大学是拉丁美洲最著名的大学之一。他在神经网络方面进行了大量的经济学研究，并撰写了 *R Data Visualization Recipes* 一书，由 Packt 出版社出版。Vitor 对数据科学非常热衷，他以个人的信念走遍世界，始终认为自己就像一个科技的极客。他也相信您通过本书将能学到很多的东西，并且认为 TensorFlow 是当前十分强大的深度学习的工具。

# 目　录

# 第 1 章
# 深度学习的构建模块

欢迎来到深度学习快速实践！本书将力图使深度学习技术更易于上手、面向实践，并具有良好的实用价值，可供数据科学家、机器学习工程师和需要通过深度学习解决问题的软件工程师使用。如果您想训练自己的深度神经网络并且您对某些内容感到困惑，那么这本实践指南很有可能会对您有所帮助。

本书的内容基于作者亲手获得的实践资料，旨在帮助您快速解决实际问题。它主要面向需要使用深度学习来解决问题的经验丰富的机器学习工程师和数据科学家。除了本章所介绍的作为基础知识的一些术语、架构和背景以外，后续的章节并不需要按照章节顺序来阅读。后续的各章均包含一个实际的例子，并给出代码和一些最佳实践和安全选项，您可以直接翻到所需要的章节并开始阅读。

本书的宗旨并不在于深入探讨深度学习和神经网络的理论，现存的许多优秀书籍均可以提供这些背景资料，我强烈建议您至少阅过读其中的一本（这些仅是一些参考书目或推荐）。这么做的目的只是希望您具有足够的理论和数学知识，以便进行本书的阅读。

本章将介绍以下主题：
1）深度神经网络的架构；
2）深度学习的优化算法；
3）深度学习的平台架构；
4）深度学习数据集的构建。

## 1.1 深度神经网络的架构

根据网络应用的不同，深度神经网络的架构在结构上可能有很大差异，但它们都有一些基本组件，本节将简要介绍这些组件。

本书将深度神经网络定义为具有多个隐藏层的网络，除此之外，并没有试图将概念限定在深度学习的范畴内。因此，我们的网络或许仅有不超过 100 个神经元，也可能有数百万个神经元。我们可能会使用特殊的神经元层，包括卷积和循环层，但我们仍将所有这些统称为神经元。

### 1.1.1 神经元

神经元是神经网络的原子单元。神经元的概念是受到生物学的启发而产生的，但这个主题超出了本书的讨论范围。神经元通常排列成层。在本书中，如果提到一个特定的神经元，则使用符号 $n_k^l$ 来表示，其中 $l$ 是该神经元所在的层，$k$ 是该神经元在层内的编号。由于我们将使用遵循以 0 开始进行编号的编程语言，因此我的编号也是从第 0 个开始的。

在其中心，大多数神经元由两个共同工作的函数组成，即线性函数和激活函数。下面进一步来看一下这两个组成部分。

## 1. 神经元的线性函数

神经元的第一个组成部分是线性函数，其输出是输入的总和，并且每个输入都会乘以一个系数。这个函数实际上或多或少是一个线性回归函数，而这些系数通常被称为神经网络中的权重。例如，假定一个神经元，其给定的输入特征变量为 $x_1$，$x_2$ 和 $x_3$，其输出为 $z$，则该线性组成部分或神经元线性函数将简单地记为

$$z = x_1\theta_1 + x_2\theta_2 + x_3\theta_3 + b$$

式中，$\{\theta_1, \theta_2, \cdots, \theta_n\}$ 为需要通过学习来确定其数据的权重或系数；$b$ 为偏移量。

## 2. 神经元的激活函数

神经元的第二个函数是激活函数，其任务是在神经元之间引入非线性。常用的激活函数是 sigmoid（S 形）激活函数（见图 1-1），您可能已经从逻辑回归中熟悉它了。该激活函数将神经元的输出压缩到一个输出区间，其中非常大的 $z$ 值被压缩为 1，非常小的 $z$ 值被压缩为 0。

sigmoid 激活函数如下：

$$\text{sigmoid}(z) = \frac{1}{1 + e^{-z}}$$

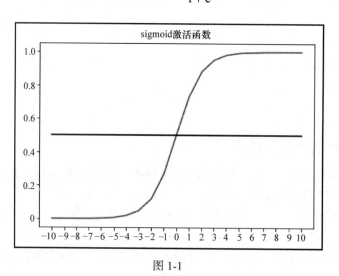

图 1-1

事实证明，激活函数对于中间神经元非常重要。如果没有它，则可以证明一堆仅具有线性激活的神经元（实际上没有被激活，或者更准确地说是没有激活函数，其中 $z = z$）实际上只是单纯的线性函数。

在这种情况下，单个线性函数是不符合我们要求的，因为在许多情况下我们的网络可能无法实现当前问题的求解。也就是说，由于输入要素和目标变量之间的数据中非线性关系的存在（这也正是我们所预测的），网络无法很好地对数据进行建模。

一个无法使用线性函数来建模的函数的典型示例是异或函数，如图 1-2 所示。

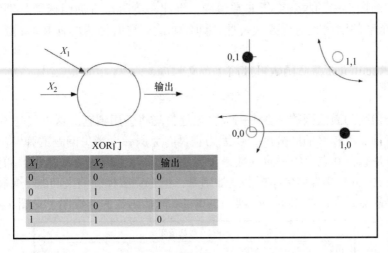

图 1-2

其他常见的激活函数有双曲正切（tanh）激活函数（见图 1-3）和线性整流单元（Rectified Linear Unit，ReLu）激活函数或直线（Rectilinear）激活函数。

双曲正切（tanh）激活函数如下：

$$\tanh(z) = \frac{e^z - e^{-z}}{e^z + e^{-z}}$$

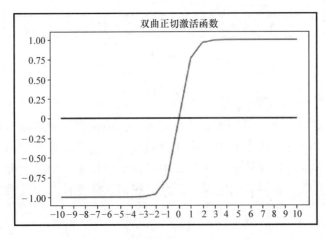

图 1-3

对于中间层来说，tanh 激活函数的表现通常比 sigmoid 激活函数更好。正如可能看到的，tanh 激活函数的输出区间为 [-1,1]，而 sigmoid 激活函数的输出区间为 [0,1]。这种额外的宽度在一种被称为梯度消失 / 梯度爆炸问题的现象中提供了一些弹性，我们将在后面详细介绍。到目前为止，我们已经清楚地知道，在梯度消失存在的情况下，梯度消失问题会导致网络在这些前向层中的收敛变得非常缓慢。因此，使用 tanh 激活函数的网络往往比使用 sigmoid 激活函数的网络收敛得要快一些。即便如此，它们仍然没有 ReLu 激活函数收敛得那么快。

ReLu 或 Rectilinear 激活函数可被简单定义为

$$f(z)=\max(0, z)$$

这是一个稳妥的激活函数，在本书大多数地方均将会用到它。这不仅是因为 ReLu 激活函数易于计算且具有较好的区分度，还因为它具有克服梯度消失问题的弹性。ReLu 激活函数的唯一缺点是它在 0 点处的一阶导数是没有定义的。一种 ReLu 激活函数的变体，是一个包含了泄漏的 ReLu，虽然它在计算上更加困难，但在克服梯度消失问题上鲁棒性更强。

为了完整起见，在此给出了一个典型的 ReLu 激活函数的曲线图（见图 1-4）。

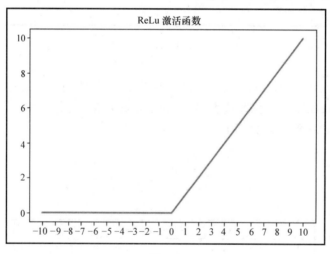

图 1-4

## 1.1.2 深度学习中的代价函数和成本函数

每个机器学习模型均有一个初始的成本函数。简单地说，成本函数提供了度量模型与训练数据拟合程度的手段。在本书中，将代价函数定义为适合训练集内单个观察对象的正确性。相应地，成本函数通常是整个训练集中代价的平均值。稍后当介绍各种类型的神经网络时，将进一步介绍代价函数的定义。因此，我们在此直接给出线性回归的成本函数作为一个示例。

$$J = \frac{1}{2m}\sum_{i=1}^{m}(\hat{y}-y)^2$$

在这种情况下，代价函数为 $(\hat{y}-y)^2$，这实际上就是我们所熟悉的二次方误差。因此，成本函数 $J$ 实际上就是均方误差，也就是整个数据集中二次方误差的平均值。所添加的因子项 1/2 是为了通过这种惯用的约定以使一些计算变得更加简洁。

### 1.1.3　前向传播过程

前向传播是我们尝试使用单个观察中存在的特征变量来预测目标变量的过程。假设有一个双层神经网络，则在前向传播过程中，将从 $\{x_1, x_2, \cdots, x_n\}$ 观察中存在的特征变量开始，然后将这些特征值乘以其位于第一层网络内的相关系数，并为每个神经元添加偏移项，之后将所得到的输出发送给神经元的激活函数（见图 1-5）。通过这一过程，该层网络的输出将被发送到下一层网络。依此类推，直至到达网络的末端，在那里得到的结果就是网络的预测。

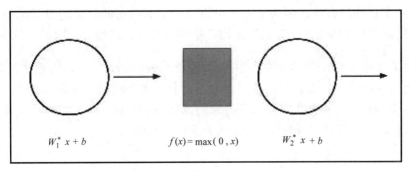

$$W_1^* \, x + b \qquad\qquad f(x) = \max(0, x) \qquad\qquad W_2^* \, x + b$$

图 1-5

### 1.1.4　反向传播函数

一旦前向传播完成，我们就获得了各个数据点的网络预测结果。同时我们还知道该数据点的实际值。通常，将预测值定义为 $\hat{y}$，而将目标变量的实际值定义为 $y$。

一旦 $y$ 和 $\hat{y}$ 都是已知的，就可以使用成本函数来计算网络的误差。我们知道，成本函数为代价函数的平均值。

为了使得网络中的学习行为得以产生，网络的误差信号必须通过网络从最后一层向回传播到第一层。反向传播的目的是在通过网络向回传播此误差信号的同时，随着该误差信号的传播，使用它来更新网络的权重。用数学术语来讲，这么做的目的就是为了使成本函数最小化，通过逐步修改网络各个权重的值使成本函数的值降到最小。这个过程被称为梯度下降。

梯度是误差函数相对于网络中每个权重的偏导数。可以使用链规则（递归原理）和上面层的梯度来逐层计算每个权重的梯度。

一旦知道了每层的梯度，就可以使用梯度下降算法来对成本函数进行最小化。

梯度下降过程将重复此更新，直到网络误差最小化。并且该过程将收敛于

$$\theta = \theta - \alpha \frac{\partial J}{\partial \theta}$$

在此，梯度下降算法将梯度乘以 $\alpha$，并从每个权重的当前值中减去该值。$\alpha$ 被称为学习率，学习率是一个超参数。

### 1.1.5 随机和小批量梯度下降

上一节中描述的算法是假设在整个数据集上进行前向和相应的反向传递，因此被称为批量梯度下降法。另一种可能的梯度下降方法是一次使用一个数据点，并在每次进行的过程中进行网络权重的更新。该方法可能有助于加速网络停止收敛的鞍点处附近的收敛。当然，仅对单个数据点的误差估计可能无法很好地近似整个数据集的误差。

这个问题的最佳解决方案是采用小批量梯度下降法。在该方法中，将采用一些被称为小批量的数据来计算误差，并更新网络权重。这些小批量的数据是大数据集的随机子集。这几乎总是一个最佳的方法，因为该方法可以将一个非常大的数据集自然地拆分成一些较小的块，使其更容易在机器甚至跨机器的内存中进行管理，这也是它所具有的额外优势。

> 这是对神经网络最重要部分之一的高度概括性的介绍，我们认为这么做是与本书的实践性特点相吻合的。在实践中，大多数现代架构均为我们处理了这些步骤。尽管如此，应至少在理论上了解它们，这无疑是值得的。在时间允许的情况下，我们鼓励读者对前向和后向传播进行更深入的探究。

## 1.2 深度学习的优化算法

虽然梯度下降算法是大多数其他网络优化算法的基础，但它并不是唯一可用于优化网络权重的算法。尽管对每一种优化算法进行了解是攻读博士学位才需要做的功课，但在此还是要花一些篇幅对最实用的优化算法加以介绍。

### 1.2.1 采用具有动量的梯度下降

使用具有动量的梯度下降能够加速梯度下降的进程，它是通过以下两个方面来实现的。一个是在梯度保持恒定的方向上，提高在该方向上的学习速度；另一个是在梯度波动的方向上，降低在该方向上的学习速度。最终使得整体的梯度下降速度得到加快。

动量的作用是通过引入速度项，并在更新规则中使用该项的加权移动平均值来实现。其更新规则可表示如下：

$$v_t = \beta v_{t-1} + (1-\beta)\text{grad}^2$$
$$\theta = \theta - v_t$$

在作为动量的情况下，最典型的 $\beta$ 设置为 0.9，并且它通常不是一个超参数，它是需要进行调优的。

### 1.2.2　RMSProp 算法

　　RMSProp 为另一种优化算法。在网络权重所呈现的多维空间中，它可以通过加快某些方向的学习速度，同时抑制其他方向的振荡来加速梯度下降的进程。该算法可表示为

$$grad = \frac{\partial J}{\partial \theta}$$

$$v_t = \beta v_{t-1} + (1-\beta)grad^2$$

$$\theta = \theta - \alpha \frac{grad}{\sqrt{v_t}}$$

　　在 $v_t$ 较大的方向上，它具有更多地减少振荡的效果。

### 1.2.3　Adam 优化器

　　Adam 是已知的表现最佳的优化器之一，它也是我的首选。它在各种不同类型的问题上都有很好的表现。它将动量和 RMSProp 的最佳部分组合到一个更新规则中。

$$grad = \frac{\partial J}{\partial \theta}$$

$$m_t = \beta_1 m_{t-1} + (1-\beta_1)grad$$

$$v_t = \beta_2 v_{t-1} + (1-\beta_2)grad$$

$$\theta = \theta - \alpha \frac{m_t}{\sqrt{v_t + \epsilon}}$$

式中，$\epsilon$ 为一个非常小的数字，以防止出现除以 0 的情况。

　　Adam 通常是一个很好的选择，当您进行原型设计时，它也是一个很好的起点。所以，以 Adam 为起点，可以节省一些时间。

## 1.3　深度学习平台架构

　　虽然仅使用手工编制的 Python 程序实现，从头开始构建和训练深度神经网络是可能的，但这需要大量的时间并编写大量的代码。因此，几乎在每种情况下，我们都需要使用一个深度学习的平台架构来进行，这才是符合实际的。

　　本书将使用 TensorFlow 和 Keras，以便更加容易、更加快速地进行深度神经网络的开发。

### 1.3.1　什么是 TensorFlow？

　　TensorFlow 是一个可用于快速构建深度神经网络的库。在 TensorFlow 中，我们将目前为止所用到的数学运算表示为节点。这些节点之间的边即为张量或多维数据阵列。在给定

一个被定义为图的神经网络及其代价函数的情况下，TensorFlow 可以自动地计算网络的梯度，并对图进行优化，以获得最小化的代价函数。

TensorFlow 作为谷歌的开源项目，发布于 2015 年。从那时起，它就获得了非常多的追随者，并拥有庞大的用户社区。虽然 TensorFlow 为 Java、C ++、Go 和 Python 均提供了 API，但我们在此仅采用其 Python 的 API。之所以在本书中采用 Python API，是因为它是最常用于新模型开发的 API。

TensorFlow 可以通过在一个或多个图形处理单元（Graphics Processing Units，GPU）上执行这些计算，以大大加速计算的速度。GPU 计算提供的加速已成为现代深度学习的必要条件。

## 1.3.2　什么是 Keras ？

虽然在 TensorFlow 中构建深度神经网络比从头开始构建深度神经网络要容易得多，但 TensorFlow 仍然是一个非常低级的 API。Keras 是一个高级的 API，它允许我们使用 Tensor-Flow（或 Theano，或 Microsoft 的 CNTK）来快速构建深度学习网络。

使用 Keras 和 TensorFlow 构建的模型是可移植的，可以在本地的 TensorFlow 中进行训练或运行。在 TensorFlow 中构建的模型也可以加载到 Keras 中，并在那里使用。

## 1.3.3　TensorFlow 的热门替代品

还有许多其他优秀的深度学习平台架构。我们选择 Keras 和 TensorFlow 主要是因为其广受欢迎、易用性、支持的可用性以及其产品部署的完备性。但毫无疑问，还有其他有价值的替代产品。

在 TensorFlow 的替代产品中，我最中意的有：

1）Apache MXNet：一个非常高性能的平台架构，带有一个叫作 Gluon 的新的命令式界面。

2）PyTorch：最初由 Facebook 开发的一个非常新颖且有前途的平台架构。

3）CNTK：微软的深度学习平台架构，也可以与 Keras 一起使用。

虽然我坚信 Keras 和 TensorFlow 是本书的正确选择，但我也要感谢这些优秀的平台架构以及每个项目对该领域的贡献。

## 1.3.4　TensorFlow 和 Keras 对 GPU 的要求

在本书的后续部分，我们将使用 Keras 和 TensorFlow。我们将要探索的大多数实例都需要 GPU 来进行加速。大多数现代深度学习平台架构（包括 TensorFlow）均需要使用 GPU 来大大加速网络训练期间所需的海量计算。如果没有 GPU，那我们所讨论的大多数模型的训练时间将会长得令人无法接受。

如果您没有安装了 GPU 的计算机，则可以通过亚马孙的 Amazon Web Services 和 Google 的 Google Cloud Platform 等各种云运营商，以时间为单位租用基于 GPU 的计算环境。对于本书中的实例，我们将使用 Amazon EC2 中的 p2.xlarge 云环境，该计算环境运行 Ubuntu Server 16.04。p2.xlarge 环境提供了一个具有 2496 个 CUDA 内核的 Nvidia Tesla K80 GPU，这将使我们在本书中展示的模型运行速度比在高端台式计算机上实现的速度要快得多。

### 1.3.5　安装 Nvidia CUDA Toolkit 和 cuDNN

由于您在深度学习工作中，可能会使用基于云的解决方案，因此这里会给出一些指导，可以帮助您在 Ubuntu Linux 上快速启动并运行。云运营商通常都提供有可用的 Ubuntu Linux。在 Windows 系统上，也可以安装 TensorFlow 和 Keras。遗憾的是，截至 TensorFlow v1.2，TensorFlow 尚不支持 OS X 上的 GPU。

在使用 GPU 之前，必须安装 NVidia CUDA Toolkit 和 cuDNN。我们将安装 CUDA Toolkit 8.0 和 cuDNN v6.0，并建议与 TensorFlow v1.4 一起使用。在您阅读完本书之前，很有可能会发布新的版本，因此请访问 www.tensorflow.org，以获取最新版本。

首先在 Ubuntu 上安装 build-essential 软件包，其中包含编译 C ++ 程序所需的大部分内容。其操作的代码在这里给出：

```
sudo apt-get update
sudo apt-get install build-essential
```

接下来，下载并安装 CUDA Toolkit。如前所述，还要安装 8.0 版及其相关补丁。您可以在 https://developer.nvidia.com/cuda-zone 上找到适合的 CUDA 工具包。

```
wget
https://developer.nvidia.com/compute/cuda/8.0/Prod2/local_installers/cuda_8
.0.61_375.26_linux-run
sudo sh cuda_8.0.61_375.26_linux-run # Accept the EULA and choose defaults
wget
https://developer.nvidia.com/compute/cuda/8.0/Prod2/patches/2/cuda_8.0.61.2
_linux-run
sudo sh cuda_8.0.61.2_linux-run # Accept the EULA and choose defaults
```

现在应该在 / usr / local / cuda 路径中安装 CUDA 工具包。

需要添加一些环境变量，以便 TensorFlow 可以找到它。应该考虑将这些环境变量添加到 ~/ .bash_profile，以便在每次登录时设置它们，如以下代码所示：

```
export LD_LIBRARY_PATH="$LD_LIBRARY_PATH:/usr/local/cuda/lib64"
export CUDA_HOME="/usr/local/cuda"
```

此时，可以通过执行 nvidia-smi 命令来测试一切是否正常。其输出应该类似于：

```
$nvidia-smi
+-------------------------------------------------------------------
---+
| NVIDIA-SMI 375.26 Driver Version: 375.26 |
|-------------------------------+----------------------+--------------------
----+
| GPU Name Persistence-M| Bus-Id Disp.A | Volatile Uncorr. ECC |
| Fan Temp Perf Pwr:Usage/Cap| Memory-Usage | GPU-Util Compute M. |
|===============================+======================+====================
===|
| 0 Tesla K80 Off | 0000:00:1E.0 Off | 0 |
| N/A 41C P0 57W / 149W | 0MiB / 11439MiB | 99% Default |
+-------------------------------+----------------------+--------------------
----+
```

最后，需要安装 cuDNN，这是 NVIDIA CUDA 深度神经网络库。

首先，将 cuDNN 下载到本地计算机。为此，需要在 NVIDIA 开发者网络（NVIDIA Developer Network）中注册为开发人员。您可以在 cuDNN 主页上找到 cuDNN，其网址为 https://developer.nvidia.com/cuDNN。将其下载到本地计算机后，可以使用 scp 将其移动到 EC2 环境。虽然云运营商的具体说明会有所不同，但可以在 https://docs.aws.amazon.com/AWSEC2/latest/UserGuide/AccessingInstancesLinux.html 上找到有关通过 SSH / SCP 连接到 AWS EC2 的其他信息。

在 cuDNN 被移动到 EC2 映像后，可以使用以下代码对文件进行解压缩：

```
tar -xzvf cudnn-8.0-linux-x64-v6.0.tgz
```

最后，使用以下代码将解压缩的文件复制到适当的位置：

```
sudo cp cuda/include/cudnn.h /usr/local/cuda/include/
sudo cp cuda/lib64/* /usr/local/cuda/lib64
```

 目前尚不清楚为什么 CUDA 和 cuDNN 是分别分发的，以及为什么 cuDNN 需要注册。过度复杂的下载过程和 cuDNN 的手动安装确实是深度学习中最大的谜团之一。

## 1.3.6　安装 Python

下面将使用 virtualenv 创建一个独立的 Python 虚拟环境。虽然这不是绝对必要的，但这是一种很好的做法。通过这样做，可以把这个项目的所有 Python 库保存在一个独立的隔离环境中，从而不会干扰系统的 Python 安装。此外，virtualenv 环境将使得之后更容易进行深度神经网络的打包和部署。

首先使用 Ubuntu 中的 aptitude 包管理器来进行 Python、pip 和 virtualenv 的安装。以下是其代码：

```
sudo apt-get install python3-pip python3-dev python-virtualenv
```

现在可以为我们的工作创建一个虚拟环境。我们将把所有虚拟环境文件保存在名为 ~/ deep-learn 的文件夹中。读者可以自由选择任何您希望用于此虚拟环境的名称。以下代码显示了如何创建虚拟环境：

```
virtualenv --no-site-packages -p python3 ~/deep-learn
```

 如果您是一位经验丰富的 Python 开发人员，那么您可能已经注意到我已将环境设置为默认为 Python 3.x，但这肯定不是必需的。TensorFlow/Keras 都支持 Python 2.7。也就是说，作者认为 Python 社区有道德义务支持现代版本的 Python。

现在已经创建了虚拟环境，可以按以下的方式来激活它：

```
$source ~/deep-learn/bin/activate
(deep-learn)$ # notice the shell changes to indicate the virtualenv
```

到这一步，每次登录时还都需要激活要使用的虚拟环境。如果要始终进入刚创建的虚拟环境，则可以将 source 命令添加到 ~/ .bash_profile 中。

现在已经配置了虚拟环境，可以根据需要添加 Python 包。首先，应确保拥有最新版本的 pip，它是 Python 包的管理器：

```
easy_install -U pip
```

最后，建议安装 IPython，它是一个交互式的 Python 应用界面，能够使开发变得更加容易。

```
pip install ipython
```

到此，一切就绪，现在可以进行 TensorFlow 和 Keras 的安装了。

### 1.3.7　安装 TensorFlow 和 Keras

在完成了刚刚所做的所有事情之后，TensorFlow 和 Keras 安装将变得非常简单。下面从安装 TensorFlow 开始。

可以使用以下代码来完成 TensorFlow 的安装：

```
pip install --upgrade tensorflow-gpu
```

一定要以 pip 安装 tensorflow-gpu 来进行安装。如果以 pip 安装 TensorfFow（没有参数 -gpu）来进行安装，则将安装的仅为 TensorfFow 的 CPU 版本。

在我们安装 Keras 之前，先测试一下 TensorFlow 安装是否正常。为此，将使用来自 TensorFlow 网站的一些示例代码和 IPython 解释器来进行测试。

通过在 bash 提示符下键入 IPython 来启动 IPython 解释器。一旦 IPython 启动成功，让我们尝试 TensorFlow 的导入。所看到的输出应该如下所示：

```
In [1]: import tensorflow as tf
In [2]:
```

如果 TensorFlow 的导入会导致产生一个错误，则应对到目前为止所执行的步骤进行故障排除。大多数情况下，若无法导入 TensorFlow，则可能是没有正确安装 CUDA 或 cuDNN。

现在已经成功安装了 TensorFlow，接下来将在 IPython 中运行一小段代码，以验证是否可以在 GPU 上执行计算：

```
a = tf.constant([1.0, 2.0, 3.0, 4.0, 5.0, 6.0], shape=[2, 3],
name='a')
b = tf.constant([1.0, 2.0, 3.0, 4.0, 5.0, 6.0], shape=[3, 2], name='b')
c = tf.matmul(a, b)
sess = tf.Session(config=tf.ConfigProto(log_device_placement=True))
print(sess.run(c))
```

如果一切都如我们希望的那样，那我们将会看到很多迹象，它们表明GPU正在被使用。在这里列出了一些输出，并突出了引起注意的证据。根据硬件，输出可能会有所不同，但您应该看到类似的证据：

```
/job:localhost/replica:0/task:0/device:GPU:0 -> device: 0, name: Tesla K80,
pci bus id: 0000:00:1e.0, compute capability: 3.7
MatMul: (MatMul): /job:localhost/replica:0/task:0/device:GPU:0
: I tensorflow/core/common_runtime/placer.cc:874] MatMul:
(MatMul)/job:localhost/replica:0/task:0/device:GPU:0
 b: (Const): /job:localhost/replica:0/task:0/device:GPU:0
: I tensorflow/core/common_runtime/placer.cc:874] b:
(Const)/job:localhost/replica:0/task:0/device:GPU:0
 a: (Const): /job:localhost/replica:0/task:0/device:GPU:0
: I tensorflow/core/common_runtime/placer.cc:874] a:
(Const)/job:localhost/replica:0/task:0/device:GPU:0
 [[ 22. 28.]
 [ 49. 64.]]
```

在上述输出中，可以看到张量 a 和 b，以及矩阵乘法运算被分配给 GPU。如果访问 GPU 时出现问题，则响应的输出可能如下所示：

```
I tensorflow/core/common_runtime/placer.cc:874] b_1:
(Const)/job:localhost/replica:0/task:0/device:CPU:0
a_1: (Const): /job:localhost/replica:0/task:0/device:CPU:0
I tensorflow/core/common_runtime/placer.cc:874] a_1:
(Const)/job:localhost/replica:0/task:0/device:CPU:0
```

在这里，可以看到张量 b_1 和 a_1 被分配给 CPU 而不是 GPU。如果发生这种情况，则可能是 TensorFlow、CUDA 或 cuDNN 的安装出现了问题。

到此，如果之前的任务都能顺利完成，则已经完成了 TensorFlow 的安装。剩下的唯一任务是安装 Keras。

Keras 的安装可以通过以下代码完成：

```
pip install keras
```

就是这么简单。现在，可以在 Keras 和 TensorFlow 中构建深度神经网络了。

这可能是创建一个 EC2 环境快照，甚至是 AMI 的最佳时机。有了这个快照，以后不必再次进行上述安装。

## 1.4　深度学习数据集的构建

与您可能曾经使用过的任何其他预测模型相比，深度神经网络是非常复杂的。一个具有 100 个输入、每层具有 30 个神经元的两个隐藏层以及一个逻辑输出层的网络中，将有 3930 个可学习的参数，还有需要进行优化的超参数，但这仅仅是一个非常小规模网络的例子。一个大型的卷积神经网络将拥有数亿个可学习的参数，所有这些参数都使得深度神经网络在学习结构和模式方面十分惊人。然而，这也使得过度拟合成为可能。

### 1.4.1 深度学习中的偏差和方差误差

您可能熟悉典型预测模型中的所谓偏差 / 方差权衡。如果您不熟悉，将在此给出一个简明的回顾。对于传统的预测模型，当试图从偏差中找出误差并从方差中找出误差时，通常会有一些折中。那么让我们看看这两个误差是什么：

（1）偏差误差　偏差误差是模型引入的误差。例如，如果尝试使用一个线性模型来对一个非线性函数进行建模，则该模型显然是不足的，因此偏差误差就会很高。

（2）方差误差　方差误差是由于训练数据中的随机性而引入的误差。当我们很好地适应了训练分布以至于模型不再泛化时，就会表现出过度拟合，从而引入方差误差。

在大多数机器学习应用程序中，我们力图寻求一些折中的方案，以使偏差尽量减少，同时尽可能小地引入方差误差。之所以说是大多数机器学习应用，是因为深度神经网络的一大优点是在大多数情况下，偏差和方差可以彼此独立地操作。但是，要做到这一点，还需要非常精心地构建训练数据。

### 1.4.2 train、val 和 test 数据集

本书的后续部分将把数据结构分为三个独立的数据集，分别称为 train、val 和 test。这三个独立的数据集，作为来自总数据集的随机样本，其结构和大小大致如图 1-6 所示。

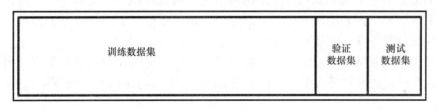

图 1-6

正如所预计的那样，train 数据集将用于网络的训练。

val 数据集或验证数据集将用于理想超参数的搜索，并用于过度拟合的评估。在一个训练周期结束时，即当网络有机会对训练数据集中的每个数据点都进行观察时，将通过 val 数据集对网络进行一次预测。该预测将用于网络过度拟合的监控，并将帮助我们了解网络训练何时才能完成。每个训练周期结束时，在此所采用的通过 val 数据集对网络进行的验证与典型的验证方法有一些不同。有关 Hold-Out 验证的更多信息，请参阅 Hastie 和 Tibshirani 所著的 *The Elements of Statistical Learning*（https://web.stanford.edu/~hastie/ElemStatLearn/）。

在所有的训练均完成后，将使用 test 数据集来准确测量网络模型对于其从未见过的一组数据所表现出的性能。

val（验证）数据和 test（测试）数据应来自于同一个数据集，这一点非常重要。train 数据集与 val 数据集和 test 数据集的匹配并不重要，尽管这仍然是理想的。例如，如果使用了图像扩增（通过对训练图像进行微小的修改，以试图扩大训练数据集的大小），则训练数据集的分布可能不再与 val 数据集的分布相匹配。这是可以接受的，只要 val 数据集和 test

数据集来自同一分布，那么仍然可以充分测量网络的性能。

 在传统的机器学习应用程序中，习惯性地使用 10%~20% 的可用数据作为 val 数据和 test 数据。但在深度神经网络中，数据量通常很大，以至于用更小的 val 数据集和 test 数据集即能充分测量网络的性能。当数据量达到数千万个时，98%、1%、1% 的分割可能是完全合适的。

### 1.4.3　深度神经网络中的偏差和方差管理

至此，已经介绍了如何构建数据，并对偏差和方差的概念做了一个回顾，现在来看看如何控制深度神经网络中的偏差和方差误差。

（1）高偏差　一个具有高偏差的网络，在通过训练集进行预测时将具有非常高的误差率，这样的模型在拟合数据方面表现不佳。为了减少偏差，可能需要修改网络的架构。可能需要增加网络的层数或神经元的数量，或者是两者均需要增加。在这种情况下，使用卷积网络或递归网络可能会更好地解决问题。

当然，高偏差问题有时是由信号不足引起的，这或许是一个非常困难的问题，所以一定要以合理的准确率来校准期望值（我通常以人的准确性作为起点来进行校准）。

（2）高方差　一个具有低偏差误差的网络能够很好地拟合训练数据。但是，如果验证误差大于测试误差，则表明网络已开始过度拟合训练数据了。降低方差的两种最佳方法是增大数据量及向网络添加正则化技术。

虽然增大数据量的方法很简单，但并不总是可行。本书在应用过程中将介绍相应的正则化技术，将讨论的最常见的正则化技术是 L2 正则化、dropout 和批量规格化（Batch Normalization）。

### 1.4.4　K-Fold 交叉验证

如果您已经具有机器学习方面的经验，那么您可能会问为什么我选择的是 Hold-Out（train/val/test）验证，而不是 K-Fold 交叉验证。我这么做的原因，简而言之就是因为深度神经网络的训练是一项非常昂贵的操作，对要探索的每组超参数都通过 $K$ 组训练数据进行训练，这在实践中通常都是不太可能的。

如果所给的 val 数据集和 test 数据集足够大的话，我们有理由确信 Hold-Out 验证可以做得非常好。大多数时候，我们希望在拥有丰富数据的情况下来应用深度学习技术，从而产生足够大的 val 数据集和 test 数据集。

归根结底，这取决于用户。正如稍后将看到的，Keras 提供了一个 scikit-learn 界面，允许将 Keras 模型集成到 scikit-learn 接口中。它允许我们执行 K-Fold 或者是分层的 K-Fold，甚至是具有 K-Fold 的网格搜索。有时候，在训练深度机器学习模型时，使用 K-Fold CV 既是可行的又是合适的。也就是说，本书的后续部分将重点关注 Hold-Out 验证的应用。

## 1.5 小结

希望本章的内容能够让您对深度神经网络架构及优化算法有了更多的了解。因为本书是一个快速实践手册，所以没有进行更详细的介绍，在此我鼓励读者对新的或不熟悉的任何材料进行深入的探索和挖掘。

本章讨论了 Keras 和 TensorFlow 的基础知识以及选择它们作为本书的平台架构的原因，还讨论了 CUDA、cuDNN、Keras 和 TensorFlow 的安装和配置。

本章最后介绍了 Hold-Out 验证方法，并且在本书的后续部分将使用这种方法。本章还介绍了在大多数深度神经网络应用中，为什么更喜欢采用 Hold-Out 验证方法，而不是采用 K-Fold CV。

在后面的章节中，很快就会遇到先前所讨论的议题，届时将进行进一步的讨论。下一章将开始使用 Keras 来解决回归问题，并且将其作为构建深度神经网络的第一步。

# 第2章
# 用深度学习解决回归问题

本章将构建一个简单的多层感知器（Multilayer Perceptron，MLP），虽然它的名字听起来有些奇特，但它实际是一个具有单个隐藏层的神经网络，以解决回归问题。随后将深入研究具有多个隐藏层的深度神经网络，在此过程中，还将探索模型的性能和过度拟合。

本章将介绍以下主题：

1）回归分析和深度神经网络；

2）使用深度神经网络进行回归；

3）在 Keras 中建立 MLP；

4）在 Keras 中建立深度神经网络；

5）保存并加载经过训练的 Keras 模型。

## 2.1 回归分析和深度神经网络

在经典回归分析中，使用线性模型来学习一组自变量和因变量之间的关系。在寻找这种关系的过程中，希望在给定自变量值的情况下能够预测因变量的值。

进行回归分析的第二个重要原因是为了弄清楚，当所有其他自变量保持不变时，单个自变量对因变量究竟有怎样的影响。传统多元线性回归的一个重要特点是线性模型的其他条件保持不变。因此，可以通过使用与某个自变量相关联的学习权重来解释单个自变量对因变量的影响，而不用考虑其他自变量对因变量的影响。但是这种类型的解释也是极具挑战性的，它需要我们对数据和模型做出相当多的假设。尽管如此，它通常还是非常有用的。

尽管深度神经网络不容易被解释，但试图解决这个问题仍是一个活跃的研究领域。

 有关深度神经网络解释的当前现状的介绍，请参阅 Montavon 等人的论文 *Methods for Interpreting and Understanding Deep Neural Networks*（https://arxiv. org/abs/ 1706.07979）。

### 2.1.1 使用神经网络进行回归的好处

本章的后续部分将专注于使用深度神经网络进行的预测。与使用传统的多元线性回归相比，我们的神经网络具有以下优势：

1）不需要对特征变量进行选择或筛选。神经网络是令人惊叹的特征工程机器，它可以了解哪些特征是相关的，并忽略那些不相关的特征。

2）在一个网络给定了具有足够复杂度的情况下，它还可以学习特征变量之间的交互作用（例如，除了 $x_1$ 和 $x_2$ 的独立影响之外，还可以学习 $x_1 * x_2$ 的影响）。

3）正如您现在可能已经猜到的那样，我们还可以学习更高阶的多项式关系（例如 $x_2^3$）。

4）最后，可以不必将自己局限在正态分布的建模中，或者对非正态分布采用不同的模型进行，只要确保最终的激活可以对分布进行建模就可以了。

### 2.1.2 使用神经网络进行回归时需要注意的问题

但也并不是说神经网络就是完美无缺的，即使在解决很简单的问题时，神经网络的使用也会存在一些问题。其中最突出的问题有：

1）如前所述，神经网络不易解释。

2）当有许多特征和大量数据存在时，神经网络效果最佳。然而，许多简单的回归问题的数据量还不够大，不足以真正受益于神经网络。

3）在许多情况下，对于线性回归这样的问题来说，传统的多元回归，或者像诸如梯度增强树（Gradient Boosted Trees）那样的树模型，都会胜过神经网络。越是复杂的问题，越适合神经网络的应用。

## 2.2 使用深度神经网络进行回归

现在您可能想要知道为什么要使用（或者是不使用）深度神经网络进行回归，下面将向您展示如何做到这一点。虽然它不像在 scikit-learn 中使用线性回归器那么简单，但您会发现使用 Keras 是很容易的。最重要的是，Keras 将允许通过模型的架构进行快速迭代，而无需更改大量的代码。

### 2.2.1 如何规划机器学习问题

当构建一个新的神经网络时，建议每次构建都遵循相同的基本步骤。

 深度神经网络可以非常快速地变得非常复杂。一点点地规划和组织，可以大大加快工作进程。

以下是构建一个深度神经网络的基本步骤：

1）概述要解决的问题；

2）识别模型的输入和输出；

3）选择成本函数和度量指标；

4）创建初始的网络架构；

5）训练和调整所构建的网络。

### 2.2.2 定义示例问题

在示例问题中将使用 P. Cortez 等人创建的葡萄酒质量数据集（https://archive.ics.uci.

edu/ml/datasets/wine+quality）。在给定了葡萄酒的其他 10 种化学特性的情况下，将预测白葡萄酒数据中酒精的百分比。

该数据集中共有 4898 个观测值或元素，这个数对于经典回归问题而言可能很大，但对于深度学习问题而言，它是非常小的。

一些快速的探索性数据分析告诉我们，将用于预测酒精含量的 10 种化学特性都是不同尺度上的连续变量。

### 2.2.3　加载数据集

虽然这可能不是机器学习问题中最有趣的部分，但加载数据却是非常重要的一步。这里将介绍我的数据加载方法，以便您了解我是如何处理数据集的加载的。

```
from sklearn.preprocessing import StandardScaler
import pandas as pd

TRAIN_DATA = "./data/train/train_data.csv"
VAL_DATA = "./data/val/val_data.csv"
TEST_DATA = "./data/test/test_data.csv"

def load_data():
  """Loads train, val, and test datasets from disk"""
  train = pd.read_csv(TRAIN_DATA)
  val = pd.read_csv(VAL_DATA)
  test = pd.read_csv(TEST_DATA)

  # we will use sklearn's StandardScaler to scale our data to 0 mean, unit
variance.
  scaler = StandardScaler()
  train = scaler.fit_transform(train)
  val = scaler.transform(val)
  test = scaler.transform(test)
  # we will use a dict to keep all this data tidy.
  data = dict()

  data["train_y"] = train[:, 10]
  data["train_X"] = train[:, 0:9]
  data["val_y"] = val[:, 10]
  data["val_X"] = val[:, 0:9]
  data["test_y"] = test[:, 10]
  data["test_X"] = test[:, 0:9]
  # it's a good idea to keep the scaler (or at least the mean/variance) so
we can unscale predictions
  data["scaler"] = scaler
  return data
```

当从 csv、excel 文件甚至 DBMS 数据库中进行数据读取时，第一步通常是将其加载到 pandas 数据帧中。

对数据进行正则化是非常重要的，这样可使得每个特征变量都处在相当的量纲尺度上，并且所有这些尺度都在激活函数的范围内。在这里，使用 Scikit-Learn 的 StandardScaler 来完成这项任务。

该实例提供了一个整体的数据集，其数据规模为（4898,10），目标变量酒精含量的取值范围为 8%~14.2%。

但是，在加载数据之前，已经通过随机抽样，将整体数据集分割为 train、val 和 test 三个子数据集，因此不必担心数据集的问题。

最后，load_data（）函数返回了一个数据字典，从而将所有的数据都规整地保存在同一个地方。如果您稍后看到 data["X_train"] 的引用，则知道正在引用训练数据集，并且已将其储存在数据字典中。

本项目的代码和数据均可以在本书的 GitHub 站点上找到（https://github.com/mbernico/deep_learning_quick_reference）。

### 2.2.4　定义成本函数

对于回归任务，最常见的成本函数是方均根误差（Root Mean Squared Error, RMSE）和平均绝对误差（Mean Absolute Error, MAE）。在这里将使用 MAE，它的定义如下：

$$MAE = \frac{1}{n}\sum_{j=1}^{n}\left|y_j - \hat{y}_j\right|$$

很简单，MAE 是数据集中所有示例的平均无符号误差。它与 RMSE 非常相似；但是，使用 $y$ 之间差异的绝对值而不是平均误差的二次方根：

$$RMSE = \sqrt{\frac{1}{n}\sum_{j=1}^{n}(y_j - \hat{y}_j)^2}$$

您可能想知道 MAE 与更熟悉的 RMSE 有何不同。如果误差在数据集中均匀分布，则 RMSE 和 MAE 将相等。在数据集中存在非常大异常值的情况下，RMSE 将远大于 MAE。选择的成本函数应该适合用例。关于可解释性，MAE 比 RMSE 更容易解释，因为它是实际的平均误差。

## 2.3　在 Keras 中建立 MLP

Keras 使用模型对象的实例来构建神经网络。对于那些熟悉 scikit-learn 的人来说，这可能非常容易。有所不同的是 Keras 模型包含一组层，这组层需要由用户来定义。这使得网络平台架构具有惊人的灵活性，代码非常少。

Keras 目前有两个用于构建模型的 API，在示例中将使用函数 API。它稍微冗长一点，但它允许更多的灵活性。本书建议尽可能使用函数 API。

MLP 需要一个输入层、一个隐藏层和一个输出层。

### 2.3.1 输入层的构形

由于已经确定了输入，知道输入矩阵的行数等于数据集中数据元素 / 观测值的个数，并且列数等于变量 / 特征的个数。因此，输入矩阵的构形即为"观察数 × 10 个特征"。TensorFlow 和 Keras 不需要定义数据集或小批量中记录的确切个数，而是允许在定义数据集中的元素数时使用 None 作为占位符。

 如果在 Keras 或 TensorFlow 模型的层构形中看到以"None"作为维度，则它实际上意味着可以是任何维度，该维度可以采用任何正整数值。

### 2.3.2 隐藏层的构形

隐藏层将以 32 个神经元作为开始，此时，无法知道究竟需要多少个神经元，这实际上是一个超参数，可以在以后进行探索和调优。为特定问题确定适当的网络架构是深度学习领域的一个悬而未决的问题。

由于隐藏层中的这 32 个神经元中的每一个都将其激活输出到输出层，因此隐藏层的构形将为（10,32）。

### 2.3.3 输出层的构形

最后一层将仅由一个神经元组成，并且它使用来自隐藏层的 32 个输出作为输入，并将预测每个观察的单个输出值 $\hat{y}$。

将所有的层放在一起，MLP 网络结构将如图 2-1 所示。

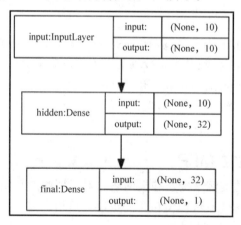

图 2-1

### 2.3.4 神经网络的架构

到此，已经完成了输入和输出的定义，下面来看一下网络的代码：

```
from keras.layers import Input, Dense
from keras.models import Model
def build_network(input_features=None):
    inputs = Input(shape=(input_features,), name="input")
    x = Dense(32, activation='relu', name="hidden")(inputs)
    prediction = Dense(1, activation='linear', name="final")(x)
    model = Model(inputs=inputs, outputs=prediction)
    model.compile(optimizer='adam', loss='mean_absolute_error')
    return model
```

这就是它所有的代码。然后，可以使用如下所示的调用，从而通过这些代码来构建适合此问题的神经网络实例：

```
model = build_network(input_features=10)
```

在进行后续讨论之前，先来回顾一下前面代码中的一些有趣部分：

1）其中，每个层都链接到它上面的层，每一层都是可调用的，并返回一个张量。例如，当隐藏层调用输入层时，隐藏层即被连接到输入层：

```
x = Dense(32, activation='relu', name="hidden")(inputs)
```

2）最后一层的激活函数是线性的，它等同于不使用任何激活，这正是所需的回归。

3）需要使用 .compile（）来对 Keras 模型进行编译。

4）在调用编译期间，需要定义将要使用的成本函数和优化器。正如之前所讨论的，在本例中将使用 MAE 作为成本函数，使用带有默认参数的 Adam 作为优化器。相关的内容在第 1 章中已经做了一些介绍，但最终可能还要进行 Adam 学习率的调优。这样做可以使得后续的修改变得非常简单，只需要使用以下的代码来定义一个自定义的 adam 实例，从而使用它来取代原有的 adam 优化器：

```
from keras.optimizers import Adam
adam_optimizer = Adam(lr=0.001, beta_1=0.9, beta_2=0.999, epsilon=1e-08,
decay=0.0)
model.compile(optimizer=adam_optimizer, loss='mean_absolute_error')
```

## 2.3.5 训练 Keras 模型

至此已经完成了网络的构建和编译，剩下的就是需要对它进行训练。就像在 Python 的 scikit-learn 中一样，可以用如下代码在模型实例中通过调用 .fit（）来完成这一任务：

```
model.fit(x=data["train_X"], y=data["train_y"], batch_size=32, epochs=200,
verbose=1, validation_data=(data["val_X"], data["val_y"]))
```

下面来看看 Keras fit 方法所采用的一些重要参数。在此假设您已经熟悉了小批量梯度下降法和训练周期（epochs）的概念，如果您不熟悉，那么请查看第 1 章 "深度学习的构建模块"，以获得一个简介。Keras fit 模型中的重要参数如下：

（1）batch_size  Keras 默认的批量大小为 32。批量大小是 Keras 将使用的小批量的数据样本个数。当然，这意味着 Keras 假设将要使用小批量梯度下降法。如果由于某种原因，您不想使用小批量梯度下降法，则可以设置 batch_size = None。

（2）epochs  一个 epoch 仅是整个训练集的数据在网络上的一次传递。在实践中，当网络已经开始收敛时，需要对网络的训练进行监视。因此,epoch 的数量是一个可学习的超参数。随后，将看到在每个 epoch 结束时，我们可能都需要对模型的权重进行保存，即使是那些比上一个 epoch 更好的 epoch 也是如此。我们这么做的原因是，这可以使得我们能够选择一个我们认为是最好的 epoch 作为我们想要的结果，从而实现一种基于人工干预的早期停止。

（3）validation_data　在该参数中，指定验证数据集。在每个 epoch 结束时，Keras 将在验证集上对模型进行测试，并使用代价函数和指定的任何其他度量指标来给出测试结果。也可以将 validation_split 设置为一个浮点值，来在训练数据集中指定要用于验证数据的百分比。以上两种方法都是可行的，但我更喜欢在数据集分割时来指明验证数据集。

（4）verbose：这可能是不言自明的，但还是值得一提。当 verbose = 1 时，将输出一个进度条，以显示当前 epoch 的进度，并且在每个 epoch 结束时，Keras 将输出训练和验证的代价（loss）。verbose 也可以设置为 2，此时每个小批量才输出相应的代价（loss）信息。当 verbose = 0 时，Keras 保持静默状态。

### 2.3.6　评测模型的性能

现在，MLP 已经经过了训练，可以开始了解它的表现了。为此，将通过 train、val 和 test 数据集进行预测。相应的代码如下：

```
print("Model Train MAE: " + str(mean_absolute_error(data["train_y"],
model.predict(data["train_X"]))))
print("Model Val MAE: " + str(mean_absolute_error(data["val_y"],
model.predict(data["val_X"]))))
print("Model Test MAE: " + str(mean_absolute_error(data["test_y"],
model.predict(data["test_X"]))))
```

对于 MLP，所得到的结果如下：

```
Model Train MAE: 0.190074701809
Model Val MAE: 0.213255747475
Model Test MAE: 0.199885450841
```

请记住，我们的数据已被缩放为 0 均值误差和单位方差。在此，Train MAE 约为 0.19，Val MAE 约为 0.21。这两个误差彼此非常接近，所以不用太在意过度拟合问题。因为希望有一定程度的过度拟合，但是现在还没有看到（过度拟合通常是一个更大的问题），因此可以认为这个模型的偏差可能还是偏大。换句话说，即对数据拟合的接近程度还不够。发生这种情况时，需要在模型中添加更多的层，或者更多的神经元，抑或是两者都要添加。下面，将更进一步地介绍。

可以通过以添加更多神经元的方式来增加网络的参数，以期减少网络的偏差。虽然可能需要开始调整网络优化器，但通常最好先找到一个觉得舒服的网络架构。

## 2.4　在 Keras 中建立深度神经网络

更改模型就像重新定义之前的 build_network（）函数一样简单。输入层将保持不变，因为输入没有改变，同样，输出层也应保持不变。

下面将通过添加额外的隐藏层来为网络添加参数。希望通过添加这些隐藏层，网络可以学习输入和输出之间更复杂的关系。在此，将首先添加四个额外的隐藏层。其中，前三层均具有 32 个神经元，隐藏层 5 具有 16 个神经元，其网络构形如图 2-2 所示。

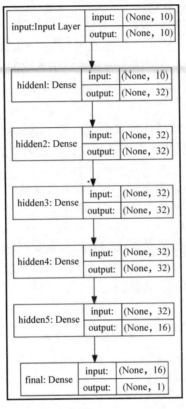

图 2-2

以下是在 Keras 中构建模型的相关代码：

```
def build_network(input_features=None):
    inputs = Input(shape=(input_features,), name="input")
    x = Dense(32, activation='relu', name="hidden1")(inputs)
    x = Dense(32, activation='relu', name="hidden2")(x)
    x = Dense(32, activation='relu', name="hidden3")(x)
    x = Dense(32, activation='relu', name="hidden4")(x)
    x = Dense(16, activation='relu', name="hidden5")(x)
    prediction = Dense(1, activation='linear', name="final")(x)
    model = Model(inputs=inputs, outputs=prediction)
    model.compile(optimizer='adam', loss='mean_absolute_error')
    return model
```

正如之前所说的那样，代码的变化很少。在此，对增加的行以黑体字进行明示，而其余代码均可以保持不变。但是，随着网络复杂性的提高，通常将需要更长的训练时间（更多个 epochs）。

## 2.4.1 评测深度神经网络的性能

对于所给出的问题，深度网络的表现真的比 MLP 要好吗？下面来看看吧！经过 500 个 epochs 的训练后，模型的性能表现如下：

**Model Train MAE**: 0.0753991873787
**Model Val MAE**: 0.189703853999
**Model Test MAE**: 0.190189985043

可以看到，Train MAE 现已从 0.19 降至 0.075，说明大大减少了网络的偏差。

但是，方差却有所增加，并且训练误差和验证误差之间的差值要大得多。在 val 数据集上的误差确实略有下降，这固然很好，但是训练误差和验证误差之间的这一巨大差距表明对训练集的数据出现了过度拟合。

在这种情况下，减少方差的最直接方法是，要么添加更多的训练数据，要么应用诸如 L2 正则化或 dropout 的正则化技术。关于正则化，将在第 3 章中进行介绍。

 对于一个高方差网络，更多的数据通常是最佳的修正方案。如果更多数据的收集是可行的，那可能是最值得花时间的地方。

在网络构建完成后，通常希望以直观的方式来查看网络的误差，以了解网络对验证数据集分布的建模情况，并且这通常会带来有助于模型改进的发现。对于回归模型来说，通常是通过绘制验证集的预测值和实际值的直方图来进行。图 2-3 将给出所绘制的直方图，供您参考。下面来看看效果如何。

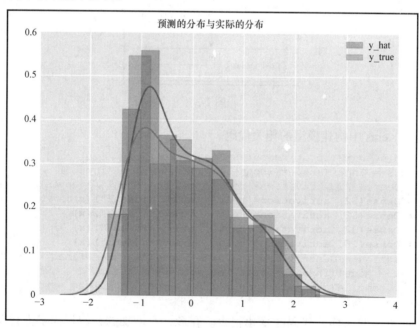

图 2-3

总的来说，该模型非常接近地预测了实际分布。相对于预测的数据集来说，实际验证数据集就好像是稍微向左移动（一个较小的值）了一些。这可能是一个重要的发现，换句话说，就是网络预测的葡萄酒酒精含量可能比其实际的平均水平要高，特别是在酒精含量较低的情况下。如果检查到的验证数据与预测数据越接近，则意味着越需要收集更多的训练数据。

### 2.4.2　模型超参数的调优

现在已经就此问题对 MLP 和六层的深度神经网络进行了训练，现在已经准备好对模型的超参数进行调整和优化了。

我们将在第 6 章的超参数优化中深入讨论模型的调优。在那里，可以使用多种策略为模型选择最佳的参数。可能已经注意到，还有许多参数和超参数需要进行优化。

如果想对此模型进行完全调优，则应执行以下操作：

1）对隐藏层个数的试验。通常来说，五个隐藏层可能太多，但一个隐藏层可能还不够。

2）试验各个隐藏层中神经元的数量，该数量与隐藏层的数量是相关的。

3）尝试添加 dropout 或正则化。

4）尝试采用 SGD 或 RMS prop 来取代 Adam，或者通过对 Adam 使用不同的学习率来进一步减少模型的误差。

深度神经网络有许多可变的成分，要想让其达到最佳的状态，通常是一件非常费时的事情。因此，若想达到最佳状态，则必须确定模型是否足够好。

## 2.5　保存并加载经过训练的 Keras 模型

通常，深度神经网络训练和随后的应用不太可能在同一个地方进行。最有可能的情况是，需要首先训练网络，然后将其网络结构和权重进行保存，以便它们可以被用于面向生产的应用程序中，旨在获取新的数据。因此，需要能够进行模型的保存和加载。

在 Keras 中进行模型的保存非常简单。可以使用模型实例的 .save（）方法将网络结构和权重保存到一个 hdf5 文件中，如以下代码所示：

```
model.save("regression_model.h5")
```

仅需这些就够了。将一个模型从磁盘加载到 Keras 中，同样也很简单。以下给出了执行此操作的代码，供您参考：

```
from keras.models import load_model
model = load_model("regression_model.h5")
```

## 2.6　小结

尽管一提到深度学习，可能就会想到令人印象深刻的复杂计算机视觉问题，但深度神经网络即使对于像回归这样简单的问题也可以证明是有用的。希望现在已经证明了这一点，同时本章还介绍了 Keras 语法，并展示了如何构建一个非常简单的网络。

后面将遇到更大的网络，更复杂的成本函数和更高维度的输入数据。但是，在大多数情况下，本章中所使用的过程均将保持不变。在每种情况下，都将是概述问题，确定输入和输出，选择成本函数，创建网络架构，最后进行网络训练和对模型进行调优。

如果仔细考虑了以下因素，则深度神经网络中的偏差和方差通常是可以独立地操纵和降低的。

1）偏差：可以通过提高模型的复杂度来进行降低。额外的神经元或层将是有所帮助的，添加数据并不能真正帮助偏差的降低。

2）方差：可以通过数据或正则化的添加来进行降低。

下一章将讨论如何使用 TensorBoard 更快地进行深度神经网络的优化和故障排除。

# 第 3 章
# 用 TensorBoard 监控网络训练

本章将展示如何使用 TensorBoard，以便更快速、更轻松地训练深度神经网络。Tensor-Board 是一个很好的，但经常被忽视的工具，它常常被归并到脚注或最后一章。现在来看看 TensorBoard，以便可以立即开始利用它。

本章将介绍以下主题：

1）TensorBoard 的简要概述；

2）设置 TensorBoard；

3）将 Keras 连接到 TensorBoard；

4）使用 TensorBoard。

## 3.1 TensorBoard 的概述

TensorBoard 是一个基于 Web 的应用程序，在它的帮助下，可以实现在 TensorFlow 中创建的深度神经网络度量、参数和结构的可视化。它将帮助用户更快速、更轻松地调试和优化深度神经网络。

正如现在可能已知的那样，深度神经网络可能变得非常复杂。不幸的是，这意味着可能出现的错误也有很多。差错随时都可能发生，并且当一个差错产生在深度神经网络的内部时，这个神经网络可能运行在一个平台架构上，也可能运行在另一个平台架构上，或者运行在 GPU 上，因此，要想找到这些差错，将是很困难的。在此，TensorBoard 提供了类似手电筒的功能。当您在原本非常黑暗的房间里搜寻问题所在的时候，它为您提供了所需的亮光。TensorBoard 允许在网络训练时监控度量指标和参数的变化，从而大大加快故障排除速度。

TensorBoard 也非常适合优化，使用 TensorBoard 可以直观地比较多个模型的运行。这允许用户尝试更改网络的体系结构和超参数，然后将此更改与网络更改前的其他运行结果做对比评估。所有这一切在每个 epoch 的过程中都可以发生。所以，如果用户愿意，则可以尽早终止那些表现不佳的模型的运行，这样做可以节省时间和金钱。

## 3.2 设置 TensorBoard

TensorBoard 是一个独立的 Web 应用程序，可以通过 Web 浏览器来使用它。Tensor-Board 的设置需要两个步骤。首先，将通过设置，使得 TensorBoard 能够看见在 TensorFlow

和 Keras 中构建的网络；其次，将通过设置，使得 Keras 将信息分享到 TensorBoard。

本节将介绍 TensorBoard 的设置。接下来将首先介绍如何修改 Keras 代码，以使其与 TensorBoard 共享信息。

## 3.2.1　安装 TensorBoard

如果计算机已经安装了 TensorFlow，则可能也已安装了 Tensorboard。若没有安装，则可以使用 pip 命令来对 TensorBoard 进行安装和更新，就像 Keras 和 TensorFlow 的安装一样。安装时只需运行以下的命令即可：

```
pip install -U tensorboard
```

## 3.2.2　TensorBoard 如何与 Keras / TensorFlow 会话

TensorBoard 和 TensorFlow 使用公共日志目录来共享信息。当 Keras 和 TensorFlow 进行训练时，Keras 将相应的度量指标和激活直方图写在指定的日志目录中（稍后会详细介绍）。现在，使用以下代码在主目录中为此示例创建一个日志目录：

```
mkdir ~/ch3_tb_log
```

## 3.2.3　运行 TensorBoard

接下来启动 TensorBoard 进程，可以使用以下代码来启动 TensorBoard：

```
tensorboard --logdir ~/ch3_tb_log --port 6006
```

和预想的一样，--logdir 指定了刚创建的目录，而 --port 6006 指定了 TensorBoard 将运行的端口。在此，6006 是默认的端口值，尽管如此，仍然可以使用想要的任何端口。

现在，可以通过将浏览器地址指向 http://<ip address>:6006，从而将其导航到 Tensor-Board 的 URL。

如果使用云服务，则可能还需要对防火墙或安全规则进行调整，以允许端口 6006 到用户服务器的连接。在 Amazon Web Services（AWS）上，可以通过编辑与用户 EC2 环境相关联的组安全性中的入站规则来执行此操作（见图 3-1）。

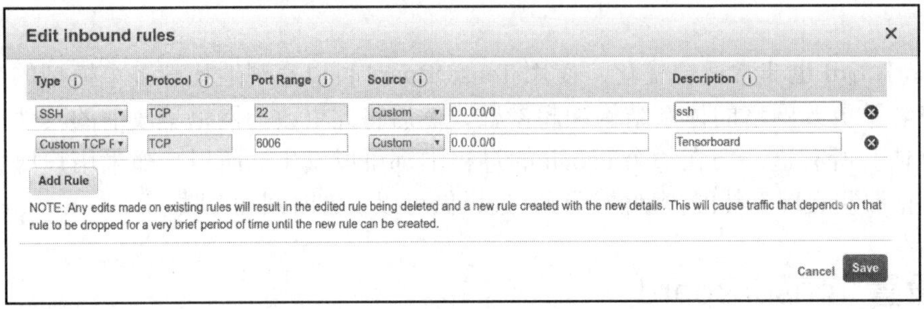

图 3-1

28

> 用户可能不希望像上面那样的完全开放的访问允许。但这仅是一个测试示例，所以我没有太在意安全的问题。

如果一切正常，则应该能够看到一个空白的 TensorBoard 页面，如图 3-2 所示。

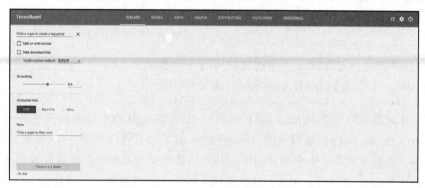

图 3-2

接下来对它的内容进行填写。

## 3.3 将 Keras 连接到 TensorBoard

现在 TensorBoard 已经启动并运行，剩下的就是需要告诉 Keras，以便其将 TensorBoard 日志写入到上面所指定的目录中。幸运的是，这很容易实现，并且它提供了一个很好的机会来学习 Keras 中一种被称为 Keras 回调（Keras callbacks）的特殊函数。

### 3.3.1 Keras 回调简介

Keras 中的回调是一些可以在训练过程中运行的函数，它们可以实现各种强大的功能，例如在一个 epoch 结束时进行模型权重的保存、事件日志的记录、超参数的更改以及方便地编写 TensorBoard 日志文件等。用户甚至可以创建自己的自定义回调函数。

虽然在下一节中才会用到 TensorBoard 的回调函数，但还是建议读者先浏览一下 Keras 在 https://keras.io/callbacks 上提供的所有回调函数。

TensorBoard 回调是在模型训练之前可以配置和实例化的对象。当深度神经网络需要使用回调函数时，将为这些回调函数创建一个列表。回调列表一旦创建，就可以简单地将该列表作为参数传递给模型的 .fit（）方法。然后，在每个 epoch 或者有 Keras 调用时，这些回调函数均得以执行。对此，将在下一个例子中得到更多的了解。

### 3.3.2 创建 TensorBoard 回调函数

作为本章工作的开始，首先复制第 2 章中的网络和数据，然后再添加一些简单的内容到 TensorBoard 回调函数中。下面，从先前构建的 MLP 的修改开始。

首先，需要使用以下代码来进行 TensorBoard 回调类的导入：

```
from keras.callbacks import TensorBoard
```

然后需要对这些回调函数进行初始化。为了严谨和规范起见，通常需要在一个函数中完成这些操作，这个函数能够创建所需要的所有回调函数。下面的 create_callbacks（）函数将返回传递给 .fit（）的所有回调函数的列表。在本例中，它返回的列表仅包含了一个元素：

```
def create_callbacks():
    tensorboard_callback = TensorBoard(log_dir='~/ch3_tb_log/mlp',
        histogram_freq=1, batch_size=32, write_graph=True,
            write_grads=False)
    return [tensorboard_callback]
```

在继续进行之前，先介绍一下在这里使用的一些参数：

1）log_dir：这是为 TensorBoard 编写日志文件的路径。

您可能已经注意到我把为 MLP 网络的 TensorBoard 回调函数的日志写入到目录 ~/ ch_3_tb_log / mlp，这将在为 TensorBoard 指定的目录下创建一个新的子目录 mlp。接下来将对在第 2 章中训练的深度神经网络模型进行配置，使其登录到另一个单独的目录 ~/ ch_3_tb_log / dnn。这样做将允许对两个模型的运行进行相互比较。

2）histogram_freq：指定计算激活函数和权重（在 epochs 中）直方图的频率。它默认为 0，这会使得日志文件更小，但不会生成直方图。随后将介绍为什么以及何时用户会对直方图感兴趣。

3）batch_size：这是用于计算直方图的批量大小，其默认值为 32。

4）write_graph：这是一个布尔函数。它将告诉 TensorBoard 是否将网络图进行可视化。可视化可能非常方便，但它可能会使得日志文件非常大。

5）write_grads：此函数也是一个布尔函数。它将告诉 TensorBoard 同时也计算梯度的直方图。

由于 TensorFlow 会自动进行梯度计算，因此该功能很少被使用。但是，如果使用的是自定义激活或成本函数，则该功能可能是一个出色的故障排除工具。

TensorBoard 回调函数可以采用用于对图像进行操作的神经网络的其他参数，或者使用嵌入层，将在本书的后续部分对这两种情况加以介绍。如果读者对这些函数感兴趣，请参阅 https://keras.io/callbacks/#tensorboard 上的 TensorBoard API 文档。

现在只需要创建回调函数列表，并使得回调函数 callbacks 的参数与 MLP 相匹配。其相应的代码如下：

```
callbacks = create_callbacks()
model.fit(x=data["train_X"], y=data["train_y"], batch_size=32,
  epochs=200, verbose=1, validation_data=(data["val_X"],
    data["val_y"]), callbacks=callbacks)
```

在将要使用 TensorBoard 之前，首先使用与检测 MLP 相同的方式来对深度神经网络进行检测。代码中唯一的变化就是将要写入 TensorBoard 日志的目录。下面给出它的实现方法，供读者参考：

```
def create_callbacks():
tensorboard_callback = TensorBoard(log_dir='./ch3_tb_log/dnn',
  histogram_freq=1, batch_size=32, write_graph=True, write_grads=False)
    return [tensorboard_callback]
```

其余的代码均是相同的。现在，对每个网络重新进行训练，并看看 TensorBoard 的应用。

## 3.4　使用 TensorBoard

现在，已经完成了 TensorBoard 的配置，并告诉网络如何向它发送日志数据，可以开始使用它。本章的后续部分将向您展示一些作者最喜欢使用的 TensorBoard 的方法。TensorBoard 还有更多的内容，将在本书的后续部分陆续介绍。

### 3.4.1　网络训练的可视化

由于对第 2 章中的两个模型均编写了它们的日志数据，因此可以使用 TensorBoard，以图形化的方式对这两个模型进行比较。打开 TensorBoard，并前往 SCALARS 选项卡，应该可以看到如图 3-3 所示的界面。用户可能需要单击 loss 和 val_loss 来展开相应的图形：

图 3-3

如果查看屏幕的左下角，则应该注意到创建的每个目录都有一个与之关联的运行（run）。现在这两个同时都被选中，意味着在曲线图上将能看到两个模型的输出。

> TensorBoard 可以同时容纳很多很多的运行（run），可以通过一个正则表达式来对它们进行过滤（例如 ^dnn* 将显示所有以 dnn 开头的运行）。这意味着，当通过许多实验或运行来进行最佳模型的搜索（例如超参数的优化）时，如果对这些运行（run）进行明确且一致地命名，并在其名称中包含有意义的超参数和体系结构信息，则可以快速地定位到它们。

这些曲线图中，横轴 X 默认为 epochs，纵轴 Y 为选定的代价函数（loss function），即 MAE。可以单击图形来进行浏览，并通过拖动进行缩放。

通过这样的图表，可以真正看到每个网络的相对偏差和方差。虽然在训练数据集上两个模型在 loss 方面存在明显的差别，但在验证集上，深度神经网络表现的稍稍好了一点。

这表明，我们的深度神经网络已经进入到了过度拟合的区间。

## 3.4.2 网络结构的可视化

尽管能够对训练过程和模型的比较做到可视化已经显得非常好了，但这还不是 Tensor-Board 都能够做到的全部，还可以使用它来实现网络结构的可视化。在此，已经将界面导航到 GRAPHS，并弹出了深度神经网络的结构（见图 3-4）。

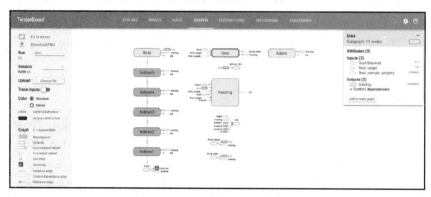

图 3-4

其中，训练节点（training node）代表输入张量。默认情况下，图中的那些巨大的八爪鱼状的符号显示着其连接关系，这多少看起来显得有一些凌乱。若要解决这个问题，只需单击该节点，然后单击 Remove from the main graph（从主图中的删除）选项，那么这些连接符号将被移动到一边。

## 3.4.3 网络破碎的可视化

TensorBoard 是一款出色的故障排除工具。为了证明这一点，下面将复制我们的深度神经网络，并将其破碎。幸运的是，神经网络的破碎非常容易，甚至已经在无意间就充分做到了。

想象一下，刚刚训练了一个新的神经网络，并且它的 loss 函数看起来如图 3-5 所示。

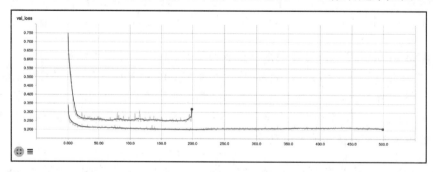

图 3-5

该网络的 loss 函数被卡住了，并且比之前的运行还要高。究竟是什么地方出了问题呢？

下面导航到 TensorBoard 的 HISTOGRAMS 部分，并对第一个隐藏层进行可视化。图 3-6

比较了两个网络中隐藏层 1 的权重直方图。

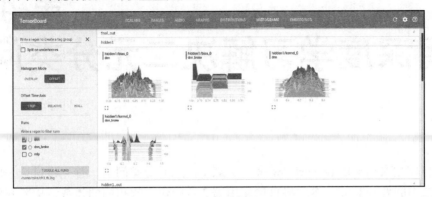

图 3-6

对于标记为 dnn 的网络的偏差和权重,将看到权重在图中是展开的,甚至可以说权重的每个分布都是正态的。

还可以在分布部分中对权重和偏差进行比较,两者都以略微不同的方式呈现出大致相同的信息。

现在,再来看看破碎网络的权重和偏差,会发现它们并没有呈现出同样的分散展开。事实上,所有的权重基本上是相同的,网络并没有真正学习,该层中的每个神经元在某种程度上似乎是相同的。如果再看一下其他隐藏的网络层,则将会看到更多的趋同。

 用户可能并不知道为什么会出现这种情况,也不知道什么时候需要打破自己的网络。至于破碎的问题,只是将网络中的每个神经元初始化为完全相同的值。当发生这种情况时,每个神经元在反向传播期间接收的误差完全相同,并且以完全相同的方式改变,从而使得网络无法打破其自身的对称性。因此,以随机的方式对深度神经网络的权重进行初始化是非常重要的,如果违反该规则,就会发生这种情况。

当遇到问题时,可以使用 TensorBoard 来解决,就像这里所做的一样。请记住,我们的深度神经网络具有 4033 个需要优化的参数,但在深度学习的领域中,它仍然被界定为一个很小的规模。通过 TensorBoard,能够对这 4033 个参数进行直观地检查,并且能够识别其可能存在的问题。在深度学习这一黑暗的房间里,TensorBoard 如同一个神奇的手电筒。

## 3.5 小结

本章讨论了如何安装、配置和使用 TensorBoard,还讨论了如何使用 TensorBoard,通过在 TensorBoard 的 SCALARS 部分中对每个 epoch 的代价函数的检查,来直观地进行模型的比较。然后,使用 TensorsBoard 的 GRAPHS 部分了解了网络结构的可视化。最后,通过查看直方图,展示如何使用 TensorBoard 进行故障排除。

下一章将介绍如何使用 Keras 和 TensorFlow 来解决二元分类问题,以继续扩展在深度学习方面的收获。

# 第 4 章
# 用深度学习解决二元分类问题

本章将使用 Keras 和 TensorFlow 来解决棘手的二元分类问题。首先将讨论采用深度学习来解决这类问题的利弊，然后将直接使用第 2 章中建立的相同的体系结构来开发一个此类问题的解决方案。最后，将更深入地介绍 Keras 回调函数，甚至使用自定义的回调函数来实现各个 epoch 的受试者工作特征曲线下方区域面积（Receiver Operating Characteristic Area Under the Curve，ROC AUC）度量指标的计算。

本章将介绍以下主题：

1）二元分类和深度神经网络；

2）案例研究——癫痫发作识别；

3）在 Keras 中构建二元分类器；

4）使用 Keras 中的检查点回调函数（checkpoint callback）；

5）在自定义回调函数中测量 ROC AUC；

6）精度、召回率（recall）和 f1 积分（f1-score）的测量。

## 4.1 二元分类和深度神经网络

二元分类问题同回归问题一样，也是非常常见的机器学习任务。以至于如果没有关于它们的介绍，则任何关于深度学习的书都可以说是不完整的。可以肯定的是，到目前为止还没有真正接触到深度神经网络的核心，但是正在顺利进行中。在开始编写代码之前，首先讨论一下在选择深度神经网络来解决这类问题时应该考虑的权衡和折中。

### 4.1.1 深度神经网络的优点

当与更传统的分类器，例如逻辑回归模型，甚至基于树的模型，例如随机森林（random forest）或梯度增强机（gradient boosting machine）相比时，深度神经网络具有一些很好的优点。

与第 2 章中所做的回归一样，不需要对特征变量进行选择或筛选。在本章所选择的问题中，有 178 个输入变量。每个输入变量均为一个来自脑电图（Electroencephalogram，EEG）的特定输入，被记为 $x1\cdots x178$。即使是医学博士，也很难理解这些众多特征与目标变量之间的关系。在许多情况下，其中的一些特征很可能是无关紧要的。而在更多的情况下，这些变量与目标之间存在某些更高级别交互的可能性更大。在使用传统模型时，如果进行了特征选择这一步骤，那么将可能获得最佳的模型性能。然而，在使用深度神经网络时，将不需要进行这一步骤。

### 4.1.2 深度神经网络的缺点

正如在第 2 章中所提到的，深度神经网络并不容易解释。虽然深度神经网络是一个很好的预测器，但要弄清楚为什么它们能够给出这样的预测却并不容易。需要重申的是，当一个任务是要了解哪些特征与目标的变化最相关时，深度神经网络并不是这一任务的工具。但是，如果目标是原始预测能力，则应考虑深度神经网络。

除此之外，还应该考虑到复杂性。深度神经网络是一个具有大量参数的复杂模型，最佳神经网络的搜寻需要时间和通过实验才能实现，而且并不是所有问题都能保证其复杂的程度。

在现实生活中，对于具有结构化数据的问题，很少采用深度学习作为首选的解决方案。下面将从可能有效的最简单模型开始，然后根据问题的需要，再迭代到深度学习。当问题域包含有图像、音频或文本时，更倾向于从深度学习开始。

## 4.2 案例研究——癫痫发作识别

正如可能已经猜到的那样，接下来要解决二元分类问题。首先将使用在第 2 章中建立的相同体系结构来对问题进行规划，并根据需要进行修改。读者可以在本书的 GitHub 存储库中找到本章的完整代码，它们位于 Chapter04 项目下。

### 4.2.1 定义数据集

本章中将使用的数据集是一个被称为癫痫发作识别（Epileptic Seizure Recognition）的数据集。这些数据最初来自一篇题为 *Indications of nonlinear deterministic and finite dimensional structures in time series of brain electrical activity: Dependence on recording region and brain state* 的论文，该论文由 Andrzejak RG 等人撰写，发表在杂志 Phys. Rev. E, 64, 061907 上。读者可以在 http://archive.ics.uci.edu/ml/datasets/Epileptic+Seizure+Recognition 的 UCI 机器学习库中找到这些数据。

我们的目标是创建一个深度神经网络，在给定的输入特征下，该网络可以预测一个患者是否是癫痫发作。

### 4.2.2 加载数据

可以使用以下函数加载本章中所使用的数据，它与我们在第 2 章中使用的函数非常相似，但它适用于此数据集。

```
from sklearn.preprocessing import StandardScaler

def load_data():
 """Loads train, val, and test datasets from disk"""
```

```
train = pd.read_csv(TRAIN_DATA)
val = pd.read_csv(VAL_DATA)
test = pd.read_csv(TEST_DATA)

# we will use a dict to keep all this data tidy.
data = dict()
data["train_y"] = train.pop('y')
data["val_y"] = val.pop('y')
data["test_y"] = test.pop('y')

# we will use sklearn's StandardScaler to scale our data to 0 mean, unit
variance.
scaler = StandardScaler()
train = scaler.fit_transform(train)
val = scaler.transform(val)
test = scaler.transform(test)

data["train_X"] = train
data["val_X"] = val
data["test_X"] = test
# it's a good idea to keep the scaler (or at least the mean/variance) so
we can unscale predictions
data["scaler"] = scaler
return data
```

### 4.2.3 模型的输入和输出

此数据集中的数据有 11500 行，数据集的每一行包含有 178 个数据点，每个数据点呈现的是 1s 的时间内 EEG 的采样记录和相应的患者状态。这些数据是通过对 100 个不同患者的采样而生成的。

数据集中有 5 个患者状态，但是，处于状态 2~5 的患者为没有癫痫发作，处于状态 1 的患者则为正在癫痫发作。

我对原始数据集进行了修改，通过将状态 2~5 归并为类 0，从而将该问题重新归类为一个二元分类问题。这意味着，类 0 为没有癫痫发作，而类 1 则为有癫痫发作。

与第 2 章中的回归问题一样，将使用 80% 的 train，10% 的 val 和 10% 的 test，以此对数据集进行分割。

### 4.2.4 成本函数

现在需要分类器来进行癫痫发作概率的预测。在此，癫痫发作也就是类 1，这意味着输出将被限制为 [0,1]，就像在传统的逻辑回归模型中一样。在这种情况下，成本函数将是二元的交叉熵，也称为对数代价。如果用户之前使用过分类器，那么对这个数学关系可能很熟悉。但是，作为一个回顾，还是将它列在这里。

对数代价的完整公式如下所示：

$$\text{Cost} = -\frac{1}{n}\sum_{i=1}^{n}\left[ y_i \log \hat{y}_i + (1-y_i)\log(1-\hat{y}_i) \right]$$

这可以更简单地看作为一个二元函数组，一个为 $y_i$=0，另一个为 $y_i$=1。

当 $y_i$=1 时，有

$$\text{Cost} = -\frac{1}{n}\sum_{i=1}^{n}\log\left(\hat{y}_i\right)$$

当 $y_i$=0 时，有

$$\text{Cost} = -\frac{1}{n}\sum_{i=1}^{n}\log\left(1-\hat{y}_i\right)$$

在此之所以使用对数函数，是为了产生一个单调的函数（一个总是增加或减少的函数），这种特性可以很容易地进行鉴别。与所有成本函数一样，将通过网络参数的调整，使得网络成本最小化。

### 4.2.5 性能评估所采用的度量指标

除了代价函数外，Keras 还允许使用一些其他度量指标来帮助判断模型的性能。尽管代价最小化是好的，但是在给定一些代价函数的情况下，对模型表现的期望却并不是特别明确。这些度量指标不是用于模型训练的，它们的存在只是帮助用户了解网络的当前状态。

虽然代价函数可能没有太多的意义，但它的确能提供准确性。然而，人类对准确性的了解也是相当透彻的。

Keras 将二元的精度定义如下：

```
def binary_accuracy(y_true, y_pred):
    return K.mean(K.equal(y_true, K.round(y_pred)), axis=-1)
```

这真的是一个好方法，它可以简单地用正确答案的数量除以总答案的数量，就像早先在学校所做的一样，用这种方法来计算学生在一次考试中的排名。

用户可能想知道数据集是否平衡，因为对于不平衡的数据集，其准确性非常差。事实上，它们并不是平衡的，数据集中仅有 1/5 的数据是类 1 的。下面将通过一个自定义回调函数来进行 ROC AUC 积分的计算，以此来解决此问题。在 Keras 中，ROC 并没有作为一个度量指标来加以实现，因为度量指标需要针对每个小批量进行计算，但是 ROC AUC 积分实际上不是由小批量来定义的。

## 4.3 在 Keras 中构建二元分类器

现在已经定义了问题、输入、输出以及成本函数，接下来可以立即开始进行 Keras 中其余部分代码的编写了。现在，唯一缺少的是网络体系结构，接下来就会更多地讨论到它。Keras 可以很容易地对网络体系结构进行调整。正如将要看到的那样，在找到最佳体系结构之前可能需要进行大量的实验。如果这是真的，那么容易改变的体系结构可以让用户的工作更加轻松。

### 4.3.1 输入层

和以前一样，输入层需要知道数据集的维度。我喜欢将整个 Keras 模型构建在一个函数内，并让该函数返回编译完成的模型。现在，这个函数只需要一个参数，即特征变量的数量。以下为用于输入层定义的代码：

```
def build_network(input_features=None):
    # first we specify an input layer, with a shape == features
    inputs = Input(shape=(input_features,), name="input")
```

### 4.3.2 隐藏层

至此已经完成了输入层的定义，这个部分比较简单。现在需要确定网络的体系结构。那么，怎样才能知道究竟应该有多少个层、多少个神经元呢？其实，如果能有一个公式，那将非常简单，但不幸的是，并不存在这样的公式。事实上，有人正在尝试构建一个神经网络，该神经网络可以是其他神经网络学习的最佳体系结构。但是，我们并没有这样做，我们要做的是，要么通过实验来搜索自己所需要的模型，要么是借鉴他人的体系结构。

**1. 如果我们使用的神经元过多会发生什么情况？**

如果网络体系结构过于复杂，那么将会产生以下两个结果：

1）很可能会开发出一个高方差的模型；

2）该模型将比低复杂度的模型训练得慢。

如果添加的层数过多，则梯度将会变得越来越小，以至于网络的前几层几乎得不到训练，这个问题被称为梯度消失问题。现在还远未达到这个程度，但稍后会讨论它。

如果用说唱传奇人物克里斯托弗·华莱士（又名 Notorious B.I.G.）的话来说，那就是我们遇到的神经元越多，我们看到的问题就越多。话虽这么说，但如果通过 Dropout、正则化以及人为的早期停止来对方差进行管理，再加上 GPU 运算的优势，那么实现一个更深的网络也是可能的。

如果非要在神经元过多的神经网络和神经元过少的网络之间做出选择，并且只有一次尝试机会，那么即使是选错了，也应选择神经元稍微多一些的网络。

**2. 如果我们使用的神经元过少会发生什么情况？**

想象一下，如果没有隐藏层，只有输入和输出层，那么情况会是怎样的呢？在第 1 章中已经对这种体系结构进行了讨论，在那里展示了它是如何无法对 XOR 函数进行建模的。这种没有隐藏层的体系结构无法模拟数据中的任何非线性关系，数据的任何非线性也无法由这种网络体系结构的网络来建模。每一个隐藏层都为特征工程提供了越来越复杂的交互作用的可能。

如果选择的神经元过少，则其结果可能如下：

1）该网络可能的确是一个非常快速的神经网络；

2）该网络具有很高的偏差误差，并且不能很好地进行预测。

**3. 隐藏层体系结构的选择**

现在已经知道了所选择的网络参数过多以及相反的网络参数不足时，将付出的代价和网络的表现，那究竟该从哪里开始呢？以我的经验来看，最好的方案就只能是实验。

对这些实验进行评价可能是很棘手的。如果网络训练像之前的网络那样快速，那么像交叉验证之类的方法都可以在各种体系结构的网络中得到实现，以对多个 epoch 的运行结果进行评估。但是，如果网络需要很长时间来进行训练，那么一般来说，所遇到的情况可能就会有一些复杂。第 6 章将介绍网络优化的相关内容。

 虽然有些书提供了一些选择神经网络架构的经验法则，但我仍然对此持怀疑态度，不太相信这些说法，因此，本书不给出这些法则。

### 4. 为示例问题进行隐藏层编码

对于示例问题，将使用 5 个隐藏层，因为它们的特征变量之间可能存在着大量的交互作用，这种预测主要是基于专业经验。在阅读了这些数据的描述后，可以知道这是一个时间序列的横截面切片，并且这些切片之间很可能是自相关的。

下面将从第一层上的 128 个神经元（稍微小于我的输入规模）开始，然后通过逐步的折半操作，在到达输出层时，神经元的个数已经被向下折叠到了 16 个。然而，这么做也不完全是一个经验法则，它仅是基于作者的经验而已。可以使用以下代码来进行隐藏层的定义：

```
x = Dense(128, activation='relu', name="hidden1")(inputs)
x = Dense(64, activation='relu', name="hidden2")(x)
x = Dense(64, activation='relu', name="hidden3")(x)
x = Dense(32, activation='relu', name="hidden4")(x)
x = Dense(16, activation='relu', name="hidden5")(x)
```

在各个隐藏层中均使用了 relu 激活函数，因为它通常是最好和最安全的选择，但要确保这也是一个可以进行实验的超参数。

## 4.3.3 输出层

最后，该网络还需要一个输出层。可以使用以下代码来进行输出层的定义：

```
prediction = Dense(1, activation='sigmoid', name="final")(x)
```

在这个示例中要构建一个二元分类器，所以希望该网络将输出一个观察属于类 1 的概率。幸运的是，sigmoid 激活函数正是这么做的，它将网络输出限定在 0~1 之间。

## 4.3.4 网络层的合并

在此，将上述定义各个网络层的所有代码合并在一起。剩下的就是对 Keras 模型进行编译了。在这里，将 binary_crossentrophy 指定为代价函数，并以 accuracy 作为一个度量指标，以便实现对训练过程的监控。使用以下代码来对 Keras 模型进行编译：

```
def build_network(input_features=None):
    inputs = Input(shape=(input_features,), name="input")
    x = Dense(128, activation='relu', name="hidden1")(inputs)
    x = Dense(64, activation='relu', name="hidden2")(x)
    x = Dense(64, activation='relu', name="hidden3")(x)
    x = Dense(32, activation='relu', name="hidden4")(x)
    x = Dense(16, activation='relu', name="hidden5")(x)
    prediction = Dense(1, activation='sigmoid', name="final")(x)
    model = Model(inputs=inputs, outputs=prediction)
    model.compile(optimizer='adam', loss='binary_crossentropy',
    metrics=["accuracy"])
    return model
```

### 4.3.5  训练模型

现在，已经定义了该模型，可以开始对它进行训练了。具体做法是这样的：

```
input_features = data["train_X"].shape[1]
model = build_network(input_features=input_features)
model.fit(x=data["train_X"], y=data["train_y"], batch_size=32, epochs=20,
verbose=1, validation_data=(data["val_X"], data["val_y"]),
callbacks=callbacks)
```

如果您已经阅读了第 2 章，那么这个过程看起来应该非常熟悉。对于这些过程来说，其大部分内容的确是相同的。回调函数的列表中包含了 TensorBoard 回调函数，因此可以观察 20 个 epoch 的网络训练过程，看看究竟发生了什么样的情况（见图 4-1）。

从图 4-1 中可以看出，尽管训练 loss 几乎都是持续下降的，但同时也可以看出，val_loss 却总是处在跳跃的状态。大约从第 8 个 epoch 开始就处于过度拟合的状态了。

有几种方法可以减少网络方差，并对这种过度拟合进行控制，将在第 5 章中介绍这些方法中的大多数内容。然而，在开始这些介绍之前，首先介绍一些被称为检查点回调函数（checkpoint callback）的有用信息。

## 4.4  使用 Keras 中的检查点回调函数

在第 2 章中介绍了 .save（）方法，它允许在完成训练后保存 Keras 模型。既然如此，如果能够随时将权重写入磁盘，以便用户能够按时间顺序对先前的示例进行回溯，并且在模型开始出现过度拟合之前来保存模型的当前版本是更好的。如果这样的话，就可以使我们的网络训练及时在那里停下来，并使用这一具有最低方差

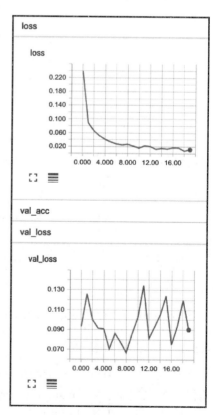

图 4-1

的网络版本。

以上这些设想正是 ModelCheckpoint 回调函数将要做的事情，如下：

```
checkpoint_callback = ModelCheckpoint(filepath="./model-
weights.{epoch:02d}-{val_acc:.6f}.hdf5", monitor='val_acc', verbose=1,
save_best_only=True)
```

ModelCheckpoint 所做的工作是按计划的时间间隔来保存模型。在这里，需要告诉 ModelCheckpoint 每次达到新的最佳验证准确度（val_acc）时都要保存模型的副本，同时还可以对 val_loss 或指定的任何其他度量指标进行监控。

文件名字符串将包括 epoch 编号以及该 epoch 运行所得到的验证准确性。

在应用了 ModelCheckpoint 回调函数后，当再次对模型进行训练时，可以看到以下这些文件被创建：

```
model-weights.00-0.971304.hdf5
model-weights.02-0.977391.hdf5
model-weights.05-0.985217.hdf5
```

从这些文件中可以看出，在第 5 个 epoch 之后就不能得到更优的 val_acc 了，因此也没有新的检查点写入。根据这一结果就可以进行回溯，返回到检查点 5，并从那里重新加载网络的权重，从而可以使用最佳模型。

在此，将 epoch 5 称为最佳结果，这在一定程度上也是一个很大的假设。用户可能希望让网络训练再多运行几遍，特别是当数据集相对较小时，就像本书中前面的一些示例那样。这当然也是可行的，并且可以相当肯定的是，这个运行结果也一定不是最终结果。

顺便说一句，这也是防止过度拟合的一种非常简单的方法。用户也可以直接选择在模型方差变得太大之前的那个检查点，并加以使用。这种做法有点类似于早期的人为停止，这意味着当发现模型没有改善时，会在到达预定的 epoch 之前停止训练。

## 4.5 在自定义回调函数中测量 ROC AUC

现在再使用一个回调函数。这一次，将构建一个自定义的回调函数，以在每个 epoch 结束时，在训练和测试数据集上计算受试者工作特征曲线下方区域面积（Receiver Operating Characteristic Area Under the Curve, ROC AUC）。

在 Keras 中，自定义回调函数的创建实际上非常简单。现在需要做的就是创建一个类，一个固有的 Callback，并给它赋予所需的方法。由于需要在每个 epoch 结束时计算 ROC AUC 积分，因此为其赋予了方法 _epoch_end：

```
from keras.callbacks import Callback

class RocAUCScore(Callback):
    def __init__(self, training_data, validation_data):
        self.x = training_data[0]
        self.y = training_data[1]
```

```
        self.x_val = validation_data[0]
        self.y_val = validation_data[1]
        super(RocAUCScore, self).__init__()

    def on_epoch_end(self, epoch, logs={}):
        y_pred = self.model.predict(self.x)
        roc = roc_auc_score(self.y, y_pred)
        y_pred_val = self.model.predict(self.x_val)
        roc_val = roc_auc_score(self.y_val, y_pred_val)
        print('\n  *** ROC AUC Score: %s - roc-auc_val: %s ***' %
            (str(roc), str(roc_val)))
        return
```

现在已经创建了新的自定义回调函数，可以将它添加到该回调创建函数中，其代码如下所示：

```
def create_callbacks(data):
    tensorboard_callback = TensorBoard(log_dir=os.path.join(os.getcwd(),
        "tb_log", "5h_adam_20epochs"), histogram_freq=1, batch_size=32,
        write_graph=True, write_grads=False)
    roc_auc_callback = RocAUCScore(training_data=(data["train_X"],
        data["train_y"]), validation_data=(data["val_X"], data["val_y"]))

    checkpoint_callback = ModelCheckpoint(filepath="./model-weights.
        {epoch:02d}-{val_acc:.6f}.hdf5", monitor='val_acc',verbose=1,
        save_best_only=True)
        return [tensorboard_callback, roc_auc_callback, checkpoint_callback]
```

以上这些就是需要为这个度量指标的使用所做的。用户可以以相同的方式来实现所需要的任何其他度量指标。

## 4.6　精度、召回率和 f1 积分的测量

由于用户可能已经使用过其他类型的二元分类器，所以在此可以用一些语句来讨论如何创建一些更传统的二元分类器所使用的常规度量指标。

Keras 的函数式 API 与在 scikit-learn 中习惯使用的方法之间的一个区别是它们的 .predict（）方法的行为。当使用 Keras 时，.predict（）方法将返回一个 nxk 的矩阵，为 $n$ 个类中的每一个类 $k$ 均返回一个概率。对于一个二元分类器来说，该矩阵将只有一列，返回的是类 1 的类概率。这使得 Keras 的 .predict（）方法更像是 scikit-learn 中的 .predict_proba（）方法。

在进行精度、召回或其他基于类的度量指标的计算时，需要通过选择一些操作点来转换 .predict（）输出，相应的代码如下所示：

```
def class_from_prob(x, operating_point=0.5):
    x[x >= operating_point] = 1
    x[x < operating_point] = 0
    return x
```

在完成这一步骤后，可采用以下代码随时重复使用 sklearn.metric 中的典型度量度量指标。

```
y_prob_val = model.predict(data["val_X"])
y_hat_val = class_from_prob(y_prob_val)
print(classification_report(data["val_y"], y_hat_val))
```

## 4.7　小结

本章讨论了使用深度神经网络来构建一个二元分类器。我们花了很多时间讨论了网络体系结构的设计选择，并认识到搜索和实验是目前选择网络体系结构的最佳途径。还学习了如何在 Keras 中使用检查点回调函数，从而能够对网络的训练过程进行回溯，以便按时间顺序来找到具有我们喜欢的性能特征的模型版本。然后创建了自定义回调函数，并使用它来测量模型训练过程中的 ROC AUC 积分。本章结尾介绍了如何将 keras .predict（）方法与来自 sklearn.metrics 的传统度量指标一起使用。

下一章将介绍多元分类，并且将进一步讨论如阻止训练过程中的过度拟合。

# 第 5 章
# 用 Keras 解决多元分类问题

本章将使用 Keras 和 TensorFlow 来处理具有众多自变量的 10 元多类分类问题，和前面一样，将讨论使用深度学习来解决这个问题的优势及缺陷。但是，其存在的缺陷可能不会很多。最后，将花费大量的时间来讨论过度拟合的控制方法。

本章将介绍以下主题：

1）多元分类和深度神经网络；

2）案例研究——手写数字的分类；

3）在 Keras 中构建多元分类器；

4）通过 Dropout 进行方差控制；

5）通过正则化进行方差控制。

## 5.1 多元分类和深度神经网络

本章终于会接触到有趣的东西。本章将创建一个深度神经网络，可以将观察分为多个类，这也是神经网络真正做得很好的地方之一。首先简要地讨论一下深度神经网络在这类问题上的优势。

> 正如在讨论任何一个问题之前所做的那样，首先来给多类分类做一个定义。想象一下有一个分类器，它以各种不同的水果重量值作为输入，并将根据输入的重量数值来预测水果的种类。分类器的输出可能仅为一组类（如苹果、香蕉、芒果等）中的一个，这就是多类分类。请不要将其与多标签相混淆，后者为模型可能预测一组标签是否适用于那些非互斥的观察。

### 5.1.1 优势

当有大量的类需要预测时，深度神经网络相对于其他模型来说确实具有很好的表现。当输入向量中的特征变量数量变大时，神经网络成为一种天然的契合。当这两种情况都集中在同一个问题上时，神经网络可能就是最佳选择，而这样的问题正是本章的案例研究中遇到的问题类型。

### 5.1.2 缺点

与之前所讨论的一样，一个更简单的模型有可能比深度学习模型更好。在其他条件均相同的情况下，应该选择更简单的模型。然而，随着类数量的增加，深度神经网络高复杂度的缺点通常会成为次要的问题。为了适应众多的类，许多其他模型的实现将不得不变得非常复杂，有些甚至可能要求用户将用于模型的多类策略为超参数进行优化。

## 5.2 案例研究——手写数字的分类

下面将使用多元分类网络来识别手写数字所对应的类。和前面的一样，可以在本书的 GitHub 存储库的 Chapter05 项目下，找到本章的完整代码。如果读者有兴趣，可以一起进行。

### 5.2.1 问题定义

MNIST 数据集已基本形成了一个标准的神经网络数据集。该数据集由 60000 个手写数字的图片组成，分别属于其所表示的数字（0,1,2, …, 9）的 10 个类。由于此数据集已经变得很通用，以至于许多深度学习平台架构都带有内置于 API 中的 MNIST 加载方法。Tensor-Flow 和 Keras 也分别都有一个这样的加载方法，在此将使用 Keras 的 MNIST 加载器，使得工作变得容易一些。但是，如果用户想从原始数据源获取数据，或者想了解有关 MNIST 历史的更多信息，可以在 http://yann.lecun.com/exdb/mnist/ 上找到更多的信息。

### 5.2.2 模型的输入和输出

该数据集已经被预分割为一个训练数据集和一个测试数据集。其中，训练数据集的观测值数量为 50000，测试数据集的观测值数量为 10000。再从训练数据集中获取最后 5000 个观察值，并将其用作验证数据集。

#### 1. 输入的扁平化

每个输入观察均为 28 像素 × 28 像素的黑白图片。每一幅像这样的图片，在磁盘上均呈现为一个 28 × 28 的矩阵，矩阵的每一个元素均为 0~255 之间一个数值，其中的每个值均表示该像素的黑色强度。到目前为止，只知道如何采用一个二维向量来对网络进行训练（稍后将学到一些更好的实现方法）。因此，需要将这个 28 × 28 的矩阵展平为一个 1 × 784 的输入向量。

一旦将所有的图片数据均展平为 1 × 784 的向量，将得到一个 50000 × 784 的训练数据集。

如果您曾经使用过卷积神经网络，那么此时您可能会感到诧异。如果您没有使用过，您会发现这是一个较好的、可以立即上手的方法。但不管怎样，我认为还是不要过快地跳过本章的内容。我认为扁平的 MNIST 是一个非常好的数据集，因为它的外观和行为都与许多领域（如物联网、制造、生物、制药和医疗应用等）中所遇到的具有众多输入的复杂现实问题很类似。

### 2. 分类的输出

输出层将包含每个类的神经元，与每个类对应的神经元将被训练，并给出一个 0~1 之间的值，以预测该类的概率。可以使用一个被称为 softmax 的特殊激活函数来确保所有这些输出的总和为 1，稍后将对 softmax 进行详细的介绍。

这意味着需要创建一个类的二进制／分类编码。例如，如果有 $y=[0,3,2,1]$，并且对它进行了分类编码，那么将得到一个如下矩阵：

$$y = \begin{bmatrix} 1 & 0 & 0 & 0 \\ 0 & 0 & 0 & 1 \\ 0 & 0 & 1 & 0 \\ 0 & 1 & 0 & 0 \end{bmatrix}$$

幸运的是，Keras 已经提供了一个函数，方便实现这种转换。

## 5.2.3 成本函数

在此将使用的成本函数为一种被称为多项式交叉熵（multinomial cross-entropy）的成本函数。多项式交叉熵实际上只是在第 4 章中看到的二元交叉熵函数的推广。

在此将对这两种叉熵函数都做介绍，而不是仅展示分类交叉熵。接下来将首先说明它们二者是相等的，然后再解释为什么。

$$\text{Cost} = -\frac{1}{n}\sum_{i=1}^{n}\Big[y_i\log(p_i)+(1-y_i)\log(1-p_i)\Big] = -\frac{1}{n}\sum_{i=1}^{n}\sum_{j=1}^{m}\Big[y_{ij}\log(p_{ij})\Big]$$

当 $m=2$ 时，上述等式成立。

该公式最右侧的项给出的是分类交叉熵方程，在前面紧邻着它的即为二元交叉熵方程。现在，想象一下当 $m=2$ 的情形。

在这种情况下，应该能看到 $j=0$ 和 $j=1$ 时 $y_{ij}\log(p_{ij})$ 的和，在对 $i$ 中的每个值进行累加后，所得到的结果将等于所要的二元交叉熵。希望这个推导能够让读者对分类交叉熵有足够的理解。如果还不能理解的话，那么建议您选择少量的几个数值，并对它们进行编码，这只需要花费很短的时间。

## 5.2.4 度量

分类交叉熵是一个很好的成本函数，但是，对于通过网络所进行的预测的预期质量，它实际上并没有告诉我们更多的信息。不幸的是，像 ROC AUC 这样的二元分类度量指标对我们并没有太大帮助，因为在针对二元分类所做的工作中，AUC 也没有被真正定义。

鉴于缺乏更好的度量指标，将使用准确性作为人类可理解的训练度量指标。幸运的是，在这种情况下，数据集是平衡的。正如所期望的那样，精度被定义为实际值与预测值匹配的次数除以总数据集的大小。

训练结束后，使用 scikit-learn 的分类报告分别展示每个类的精度和召回率。如果读者愿意，那么也可以使用这两个度量指标的结合。

## 5.3 在 Keras 中构建多元分类器

由于该问题现在已经有了一个明确的定义，因此可以开始对它进行编码。正如前面提到的，这次必须对输入和输出进行一些转换。在构建网络的过程中，将展示该转换。

### 5.3.1 加载 MNIST

幸运的是，一个 MNIST 加载函数已经内置在 Keras 中了，它可以检索 MNIST 数据集并为我们加载它。接下来需要做的就是像如下的代码所示的那样，导入 keras.datasets.mnist，并使用 load_data（）方法。

```
(train_X, train_y), (test_X, test_y) = mnist.load_data()
```

train_X 的构形为 $50000 \times 28 \times 28$。正如在模型输入和输出部分中所解释的，需要将 $28 \times 28$ 的矩阵展平为一个 784 元素的向量。NumPy 使得这一转换非常容易。以下代码说明了这种技术：

```
train_X = train_X.reshape(-1, 784)
```

这一步完成后，应该考虑输入数据的比例缩放。以前，使用 scikit-learn 的 Standard-Scaler 来实现。对 MNIST 数据集来说却没有必要这么做。因为知道每个像素的值都在相同的范围内（0~255），所以可以通过将其除以 255，即可轻松地将该值转换到 0~1 之间。在这样做之前，还需要明确地将数据类型转换为 float32。相应的代码如下所示：

```
train_X = train_X.astype('float32')
train_X /= 255
```

在进行数据集加载时，还应该将因变量向量转换为分类向量，正如在模型输入和输出部分中所讨论的那样。为此，将通过以下代码来使用 keras.utils.to_categorical（）：

```
train_y = to_categorical(train_y)
```

有了这个，该数据现在就可以进行训练了。

### 5.3.2 输入层

输入层实际上与之前的示例相同，但为了方便查阅和参考，还是在此处将其列出：

```
def build_network(input_features=None):
    inputs = Input(shape=(input_features,), name="input")
```

### 5.3.3 隐藏层

在此，将使用具有 512 个神经元的第一个隐藏层。这个神经元数量要比输入向量的元素个数 784 略小，但这也完全不是一个规则。同样，这种体系结构也只是一个初步结构，它也并不一定是最好的。然后，在第二个和第三个隐藏层，将逐步降低各隐藏层的神经元数量。相应的代码如下所示：

```
x = Dense(512, activation='relu', name="hidden1")(inputs)
x = Dense(256, activation='relu', name="hidden2")(x)
x = Dense(128, activation='relu', name="hidden3")(x)
```

### 5.3.4 输出层

输出层将包含 10 个神经元，每个神经元对应于一种可能的类，每一个观察也将与其中的某个类相对应。这也与在 $y$ 向量上使用 to_categorical（）时所进行的编码相对应：

```
prediction = Dense(10, activation='softmax', name="output")(x)
```

正如所见，使用的激活函数被称为 softmax。下面来谈谈什么是 softmax，以及为什么使用它。

**softmax 激活函数**

想象一下，如果使用 $k$ 逻辑回归而不是深度神经网络，那么每个回归都预测单个类中的成员资格。在这个逻辑回归的集合中，每个类看起来应该是这样的：

$$f(x) = \begin{cases} P(Y=0) = \mathrm{sigmoid}(\theta_0 * X) \\ P(Y=1) = \mathrm{sigmoid}(\theta_1 * X) \\ P(Y=2) = \mathrm{sigmoid}(\theta_2 * X) \\ P(Y=k) = \mathrm{sigmoid}(\theta_k * X) \end{cases}$$

使用这组逻辑回归的问题在于每个逻辑回归的输出都是独立的。想象这样一种情况，当集合中的几个逻辑回归都不能确定其成员是否属于特定的类时，将导致这几个回归表达式的结果均大约为 $P(Y=k)=0.5$。这将使得不能将这些输出结果用作 $k$ 类中类成员的总体概率，因为它们的总和不为 1。

softmax 函数通过所有这些逻辑回归输出的压缩来使得它们的总和为 1，进而使得它们的输出可以用作类成员的总体概率。

softmax 函数如下所示：

$$\sigma(z)_j = \frac{e^{z_j}}{\sum_{k=1}^{K} e^{z_k}}$$

式中，对于类 $j=1\sim k$，$z_j/z_k$ 均为该 $k$ 类范围内的逻辑回归。

因此，如果在上述一组回归表达式的前面均加上 softmax 函数，则将得到一组可以方便地求和为 1 的类概率，从而可以将其用作 $k$ 类中类成员的总体概率。整体函数的这种改变如下所示：

$$P(Y=k) = \mathrm{soft\,max} \begin{cases} P(Y=0) = \mathrm{sigmoid}(\theta_0 * X) \\ P(Y=1) = \mathrm{sigmoid}(\theta_1 * X) \\ P(Y=2) = \mathrm{sigmoid}(\theta_2 * X) \\ P(Y=k) = \mathrm{sigmoid}(\theta_k * X) \end{cases}$$

上述函数通常被称为多项式逻辑回归，它看起来有点像一个单隐藏层和单输出的神经网络。尽管不会经常用到多项式逻辑回归，但是肯定会一直使用 softmax 函数。对于本书中的大多数多元分类问题，均会使用到 softmax 函数，因此对它的了解还是有必要的。

如果您觉得对这些数学公式的阅读有些困难，那么在代码中来查看 softmax 可能会更容易一些。因此，在继续之前，可以先通过以下的代码段来对它进行进一步的理解：

```
def softmax(z):
 z_exp = [math.exp(x) for x in z]
 sum_z_exp = sum(z_exp)
 softmax = [round(i / sum_z_exp, 3) for i in z_exp]
 return softmax
```

下面来看一个直观的例子。假如，有一组如下所示的逻辑输出：

```
z = np.array([0.9, 0.8, 0.2, 0.1, 0.5])
```

如果应用 softmax 函数，则可以轻松地将这些输出转换为相应类的概率，如下所示：

```
print(softmax(z))
[0.284, 0.257, 0.141, 0.128, 0.19]
```

### 5.3.5　网络的总体结构

至此已经对网络的各个部分进行了介绍，下面来看看该网络的总体结构。这与之前在本书中介绍过的模型类似。但是，在此使用的代价函数为 categorical_crossentropy，已经在本章的成本函数部分中对它进行了介绍。

将使用以下代码来定义该网络：

```
def build_network(input_features=None):
    # first we specify an input layer, with a shape == features
    inputs = Input(shape=(input_features,), name="input")
    x = Dense(512, activation='relu', name="hidden1")(inputs)
    x = Dense(256, activation='relu', name="hidden2")(x)
    x = Dense(128, activation='relu', name="hidden3")(x)
    prediction = Dense(10, activation='softmax', name="output")(x)
    model = Model(inputs=inputs, outputs=prediction)
    model.compile(optimizer='adam', loss='categorical_crossentropy',
metrics=["accuracy"])
    return model
```

### 5.3.6　训练

现在已经定义了神经网络并加载了数据集，剩下的就是网络的训练。

在该示例及本书的其他几个例子中，均使用一个名为 data 的字典来传递各种数据集，例如 train_X、val_X 和 test_X。使用这种表示法来保持代码的可读性。如果不这么做的话，那么每次都需要传递整个字典。

在此，使用以下代码来对刚刚建造的模型进行训练：

```
model = build_network(data["train_X"].shape[1])
model.fit(x=data["train_X"], y=data["train_y"],
          batch_size=30,
          epochs=50,
          validation_data=(data["val_X"], data["val_y"]),
          verbose=1,
          callbacks=callbacks)
```

在这里使用的回调函数与之前使用过的相同，没有使用在第 4 章中构建的 ROC AUC 回调函数，因为对于多元分类器的 ROC AUC 回调函数还没有明确定义。

对于该问题，也有一些创造性的解决方案。例如，通过成对分析的近似 ROC 和 ROC 表面下的体积，它们都是很好的论文，提供了这个问题的解决方案。然而，在实践中，这些方法及其指标都很少被使用，并且它们大多都采用 R 语言进行实现，因此，在此还是继续使用多类精度，并离 R 语言远一点。

下面来看看 TensorBoard 对模型的训练（见图 5-1）。

在阅读下一段之前，请花一点时间思考一下这些图表告诉我们的信息。

在这里，可以看到一个熟悉的情况。在训练 loss 持续缓慢下降的同时，验证 loss 却是在上升的，说明遇到了过度拟合。虽然早期停止肯定是一个可行的办法，但这里还将展示一些新的技巧来处理过度拟合。在下一节中将看到 Dropout 和 l2 正则化方法。然而，在学习这些方法之前，还应该了解如何使用多类网络来进行准确度的测量和预测。

### 5.3.7　多类模型中 scikit-learn 度量指标的应用

与前面介绍的一样，可以借用 scikit 的度量指标来对模型进行测量。但是，要做到这一点，需要对模型的分类输出 $y$ 进行一些简单的转换。因为 scikit-learn 需要类标签，而不是二进制的类指示符。

为了实现这一目标，首先将使用以下代码进行预测：

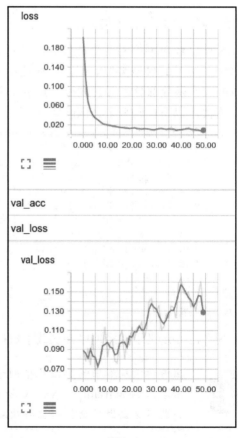

图 5-1

```
y_softmax = model.predict(data["test_X"])
```

然后，将选择具有最大概率的类的索引。这可以使用以下代码来方便地实现：

```
y_hat = y_softmax.argmax(axis=-1)
```

之后，可以像前面所做的那样使用 scikit-learn 的分类报告。相应的代码如下：

```
from sklearn.metrics import classification_report
print(classification_report(test_y, y_hat))
```

现在可以查看所有这 10 个类的精度、召回率和 f1 积分。图 5-2 给出了 sklearn.metrics. classification report（）的输出：

```
sklearn.metrics.classification_report():
```

```
model test loss is 0.096906474605 accuracy is 0.9806
              precision      recall    f1-score     support

          0       0.99        0.99        0.99         980
          1       0.99        0.99        0.99        1135
          2       0.99        0.97        0.98        1032
          3       0.99        0.98        0.99        1010
          4       0.98        0.98        0.98         982
          5       0.99        0.97        0.98         892
          6       0.98        0.99        0.98         958
          7       0.98        0.98        0.98        1028
          8       0.95        0.97        0.96         974
          9       0.97        0.97        0.97        1009

avg / total       0.98        0.98        0.98       10000
```

图 5-2

## 5.4 通过 Dropout 进行方差控制

降低深度神经网络中过度拟合的一个非常好的方法是采用一种被称为 Dropout 的技术。顾名思义，Dropout 所做的就是退出，它将使隐藏层的一些神经元从网络中退出。以下是其工作原理。

在每个小批量迭代过程中，将随机选择关闭每个隐藏层中的节点。假设有一些隐藏层，已经对其进行了 Dropout，并且所选择的退出概率为 0.5。那么这将意味着在每个小批量迭代过程中，对于这些隐藏层的每个神经元来说，通过抛掷一枚硬币来决定是否使用该神经元。这样做的结果是，用户可能会随机关闭这些隐藏层中大约一半的神经元（见图 5-3）。

如果一遍又一遍地重复进行这样的操作，那么实际上就相当于一直在训练许多较小规模的网络。此时，模型的权重将会保持在相对较小的值上，并且每个较小规模的网络不太可能产生对数据的过度拟合。此外，它还会使得每个神经元的工作对其他神经元的依赖性变得更低。

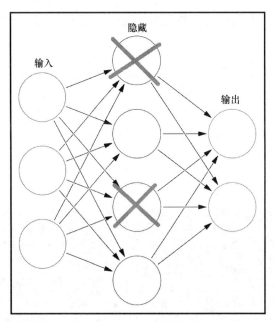

图 5-3

Dropout 可以很好地解决深度学习中可能遇到的过度拟合问题，即使不能解决大多数的过度拟合问题，那也至少会解决很多。如果有一个高方差模型，那么 Dropout 是减少过度拟合的首选方法。

Keras 包含一个内置的 Dropout 层，可以方便地使用它来在网络中实现 Dropout。Dropout 层将随机关闭其前向层神经元的输出，从而方便地对网络进行修改，以使用 Dropout 功能。如果要使用 Dropout，除了正在使用的其他层类型外，还需要先导入一个新的层类型。如以下代码所示：

```
from keras.layers import Input, Dense, Dropout
```

然后，仅需要在网络模型中插入 Dropout 层即可。如以下的代码所示：

```python
def build_network(input_features=None):
    # first we specify an input layer, with a shape == features
    inputs = Input(shape=(input_features,), name="input")
    x = Dense(512, activation='relu', name="hidden1")(inputs)
    x = Dropout(0.5)(x)
    x = Dense(256, activation='relu', name="hidden2")(x)
    x = Dropout(0.5)(x)
    x = Dense(128, activation='relu', name="hidden3")(x)
    x = Dropout(0.5)(x)
    prediction = Dense(10, activation='softmax', name="output")(x)
    model = Model(inputs=inputs, outputs=prediction)
    model.compile(optimizer='adam', loss='categorical_crossentropy',
                  metrics=["accuracy"])
    return model
```

上述的网络模型正是之前使用的模型，但是，又在每个 Dense 层之后插入了一个 Dropout 层，这也是实现 Dropout 功能时通常的开始方式。与其他的模型体系结构的决策一样，用户可以选择仅在某些层、所有层中实现一个 Dropout 层，也可以一个层也不选。当然，也可以选择不同的 Dropout 退出 / 保持概率。但是，作者还是建议从 0.5 开始，因为它能够使得网络工作得很好。

 一个安全的选择是在每层中都进行 Dropout，并且其保持概率为 0.5。其次的一个方案是仅在第一层使用 Dropout。

下面采用 Dropout 来进行新模型的训练，看看它与最初的训练结果相比有哪些不同。图 5-4 所示为所得到的训练结果。

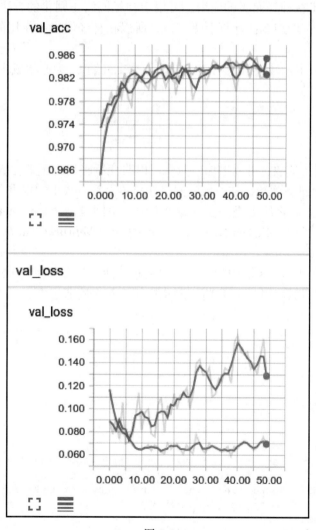

图 5-4

首先来看看验证的准确性。使用 Dropout 的模型力图使其训练速度与非正则化模型一样快。但在本示例中，看起来其训练速度其实得到了很大程度的提高。从图 5-4 中可以看到，验证准确性的最佳值大约出现在第 44 个 epoch，比非正规化模型略微有一些提前。

现在来看看验证 loss，可以看到 Dropout 对模型过度拟合的影响的确是非常明显的。虽然它对最终的结果只产生了一个不太大的改进，但 Dropout 在保证验证 loss 不再攀升方面做得相当不错。

## 5.5 采用正则化进行方差控制

正则化是另一种控制过度拟合的方法，它会随着模型中独立权重的变大而对它们进行惩罚，从而使其得到减小。如果用户熟悉线性和逻辑回归等线性模型，那么就会清楚这是一种完全相同的技术在神经元级的应用。可用于神经网络正则化的方法有两种，分别被称为 L1 和 L2。然而，因为 L2 在计算上更有效，所以在神经网络中使用的几乎总是 L2 正则化。

首先，需要对成本函数进行正则化。假设分类交叉熵 $C_0$ 为原始成本函数，那么正则化的成本函数可表示如下：

$$C = C_0 + \frac{\lambda}{2n} \sum_w w^2$$

式中，$\lambda$ 是一个正则化参数，可以增加或减少，以改变所施加的正则化量。该正则化参数对具有较大数值的权重进行惩罚，从而导致网络在总体上具有较小的权重。

有关神经网络正则化的更进一步介绍，请访问网页 http://neuralnetworksanddeeplearning.com/chap3.html，参阅 Michael Nielsen 所著的 *Neural Networks and Deep Learning* 第 3 章的内容。

正则化可以应用于 Keras 层中的权重、偏差和激活函数，将使用 L2 和默认参数来对此技术进行展示。在以下示例中，已经将正则化应用于每个隐藏层中：

```
def build_network(input_features=None):
    # first we specify an input layer, with a shape == features
    inputs = Input(shape=(input_features,), name="input")
    x = Dense(512, activation='relu', name="hidden1",
kernel_regularizer='l2') \
        (inputs)
    x = Dense(256, activation='relu', name="hidden2",
kernel_regularizer='l2')(x)
    x = Dense(128, activation='relu', name="hidden3",
kernel_regularizer='l2')(x)
    prediction = Dense(10, activation='softmax', name="output")(x)
    model = Model(inputs=inputs, outputs=prediction)
    model.compile(optimizer='adam', loss='categorical_crossentropy',
                  metrics=["accuracy"])
    return model
```

因此，可以在此将默认的 L2 正则化与其他两个模型进行比较。图 5-5 给出了相应的对比。

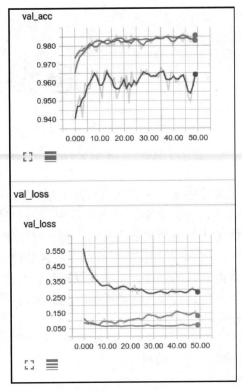

图 5-5

不幸的是，新的 L2 正规化网络很容易被发现。在这种情况下，L2 正则化似乎作用得太强了。该网络偏差较高，并没有比其他两个网络学到更多的信息。

如果真的确定要使用正则化来解决这个问题，那么首先应从正则化率的改变开始，并试图找到一个更合适的值，但是此时所做的还差得很远，甚至怀疑能否比 Dropout 模型做得更好。

## 5.6 小结

在本章中，真正看到了解深度神经网络在进行多元分类时的强大功能，但这也仅仅是开始。首先，详细介绍了 softmax 函数，其次，通过一个网络的构建和训练，将手写的数字分类为 10 个相应的类。

最后，当注意到该模型过度拟合时，尝试使用 Dropout 和 L2 正则化方法来降低模型的方差。

到目前为止，已经学习到深度神经网络需要进行很多的选择，这些选择包括体系结构、学习速率甚至正则化速率等，并将在下一章学习如何来对这些选择进行优化。

# 第 6 章
# 超参数的优化

使用深度神经网络的最大弊端之一是它们具有许多超参数，而这些超参数均应该进行优化，以使网络以最佳的方式运行。在前面的每一章中都遇到过超参数估计带来的挑战，但并未作详细介绍。超参数优化是一个非常重要的主题，它在很大程度上是一个未解决的问题。虽然在本书中无法对这个问题给出完整的介绍，但还是特地安排一章介绍它。

本章将向介绍一些超参数选择的建议，这些建议在作者看来是实用的。当然，尽管本章的内容均为作者的经验，但还是希望这些经验能够起到抛砖引玉的作用，同时也会引导读者对该问题进行更深入的研究。

本章将介绍以下主题：

1）网络体系结构应该被视为超参数吗？

2）应该优化哪些超参数？

3）超参数优化策略。

## 6.1 网络体系结构应该被视为超参数吗？

即使是在一个最简单的网络构建中，也必须对网络体系结构做出各种选择。应该使用1 个隐藏层还是 1000 个？每层应包含多少个神经元？所有这些神经元都应该使用 relu 激活函数还是 tanh 激活函数？应该在每个隐藏层上使用 Dropout，还是仅使用第一个隐藏层上使用？在设计网络体系结构时，必须要做出许多选择。

在最典型的情况下，通常都会对每个超参数进行穷尽的搜索，以获得其最佳值。尽管如此，网络体系结构的穷尽搜索却并不容易。在实践中，可能没有足够的时间或计算能力来这样做。研究人员很少会通过穷尽搜索来寻找最佳的体系结构，因为可选择的数量非常庞大，并且正确答案也不止一个。相反，该领域的研究人员对现有体系结构的构建都是通过实验来实现的，其目的是力图创建一个新的体系结构，或者对现有的体系结构进行改进。

因此，在介绍超参数的穷尽搜索策略之前，先看看能够推导出一个合理的，即使不是最好的网络体系结构的两种策略。

### 6.1.1 站在巨人的肩膀上

Bernard Chartres 认为学习是建立在他人的发现之上的。尽管如此，对这个观点阐述得更直接的是 Isaac Newton，他说：“如果说我看得更远的话，那是因为我站在巨人的肩膀上。”

显然，这也正是我在这里将要建议的。

如果要为一个新的深度学习问题设计一个网络体系结构，那么要做的第一件事就是尝试找到一个类似的问题，并且这个问题之前已经以令人满意的方式得到了解决。虽然这个问题可能没有人解决过，但是相似的地方通常都是存在的。

一般来说，存在几种解决方案的可能性非常大。如果是这种情况，并且如果时间允许，则可进行少量的运行尝试。各个运行结果的平均值可能会告诉用户哪一种结构表现最好。通过这些过程，自然而然地，用户很快就会发现自己正在进入状态了。

### 6.1.2　添加至过度拟合，然后进行正则化

希望通过类似问题的体系结构的搜寻，用户至少能够接近一个适合问题的体系结构。那么对于这个网络体系结构，可以做些什么来进一步优化呢？

1）在问题模型中不断地添加层和 / 或神经元，并通过一些实验运行进行观察，直到网络开始出现过度拟合。用深度学习中的话来说，就是不断地添加元素，直到模型不再具有高的偏差。

2）一旦模型开始过度拟合，就会找到一个能够很好地适应训练数据的网络体系结构，有时甚至可能非常好。此时的重点应该是通过使用 Dropout、正则化、提前终止或类似的方式来减少网络的方差。

这种方法主要归功于著名的神经网络研究员 Geoffrey Hinton。这是一个有趣的想法，因为它使得网络的过度拟合无法避免。但在构建网络体系结构的初始阶段，这是一个很好的方法。

在此，尽管没有规则可用于最佳的网络体系结构的选择，并且也许有许多最佳的体系结构可能存在，但这种策略在实践中非常有效。

### 6.1.3　实用建议

如果觉得上述方法不是很科学，可以在一些预定义的网络配置中找到最佳的网络体系结构，这也是一种正确的方法，事实上，这种方法更加严谨。作者所提的方法旨在为用户提供一个实用的建议，以帮助用户在尽可能少的 epoch 内获得足够好的模型。

## 6.2　应该优化哪些超参数？

即使按照上面的建议，并建立了足够好的体系结构，仍然可以并且仍然应该尝试在该体系结构中进行理想超参数的搜索。可能想要搜索的一些超参数包括以下几种：

1）对优化器的选择。到目前为止，使用的都是 Adam 优化器。但是，rmsprop 优化器，或经过良好调整的 SGD 优化器可能会表现得更好。

2）在这些优化器中，每一个都有一组可能需要进行调整的超参数，例如学习速率、动量和衰减等。

3）网络权重的初始化。

4）神经元激活函数。

5）正则化参数。例如 Dropout 的退出概率，L2 正则化中使用的正则化参数等。

6）批量的大小。

这里所列出的也不是一个详尽的清单，很可能还有更多的选项需要进行尝试，包括在每个隐藏层中引入不同数量的神经元，改变每层的 Dropout 退出概率等。正如所介绍的那样，超参数可能的组合是无限的。并且这些选择也很可能是与网络体系结构有关的，网络层的添加和删除均有可能会为这些超参数带来新的最佳选择。

## 6.3　超参数优化策略

在本章的这一点上已经指出，在大多数情况下，尝试可能的每个超参数的组合，在计算上是无法实现的，或者至少是不切实际的。深度神经网络的训练通常需要很长的时间。虽然可以采用并行化的计算资源来对问题进行求解，但超参数搜索的最大限制因素可能仍然是时间。

如果时间是最大约束，并且无法在拥有的时间内合理地对所有的可能性进行搜索，那么将不得不制定一个策略，以使得所拥有的时间得到最有效的利用。

本节后续部分将介绍一些超参数优化的常用策略，然后将展示如何使用作者最喜欢的两种方法进行 Keras 中的超参数优化。

### 6.3.1　常用的策略

有一组常用的超参数优化策略，在所有的机器学习模型中都有使用。总的来说，这些策略包括网格搜索、随机搜索、贝叶斯优化、遗传算法和超参数的机器学习。

#### 1. 网格搜索

简单来说就是对所有的可能或者至少是所有可能的有限组合进行尝试，然后给出采用这种暴力搜索所发现的超参数的最佳组合。这种策略能够保证在已经确定的参数空间中找到最佳的方案，以及其他次优的解决方案。

但网格搜索对于深度学习来说并不是很实用。除了最基本的深度神经网络之外，无法对深度神经网络所有可能的参数实现对每一个可能值的搜索。对于随机搜索来说，将按每个参数的分布进行随机抽样，并对其中的 $n$ 个样本进行搜索。那么这里的 $n$（$n*$ 为每个样本的训练时间）即为愿意分配给问题的时间预算。

#### 2. 贝叶斯优化方法

该方法使用先前的观察来预测接下来要采样的超参数集。虽然贝叶斯优化方法通常要优于暴力搜索技术，但目前的研究表明，与穷举方法相比，其性能的提升还不是很多。此外，由于贝叶斯方法需要依赖先前的经验，因此，还没有一种方法能够使其并行运行。

#### 3. 遗传算法

总体上来说，遗传算法是机器学习的一个非常有吸引力和活跃的研究领域。但是，就作者的观点来看，它们也不是深度神经网络参数优化的最佳选择，因为它们也是取决于先前经验的。

该领域的一些最新研究均着眼于神经网络的训练，网络的训练可以为一个给定的网络体系结构预测最佳的参数。对于可以参数化的模型的设想当然是非常有吸引力的，这是一个值得密切关注的方向。这也可能是如何获得 Skynet 的途径，但一切还有待时间的检验。

### 6.3.2　通过 scikit-learn 使用随机搜索

使用 scikit-learn 可以轻松实现网格搜索和随机搜索。在下面的示例中，将使用 Keras 的 KerasClassifier 类来包装该模型并使其与 scikit-learn API 兼容。然后，将使用 scikit-learn 的 RandomSearchCV 类来进行超参数搜索。

为此，首先对已经熟悉的模型构建函数进行少量更改，以便使用需要搜索的超参数并对其进行参数化。相应的代码如下所示：

```
def build_network(keep_prob=0.5, optimizer='adam'):
    inputs = Input(shape=(784,), name="input")
    x = Dense(512, activation='relu', name="hidden1")(inputs)
    x = Dropout(keep_prob)(x)
    x = Dense(256, activation='relu', name="hidden2")(x)
    x = Dropout(keep_prob)(x)
    x = Dense(128, activation='relu', name="hidden3")(x)
    x = Dropout(keep_prob)(x)
    prediction = Dense(10, activation='softmax', name="output")(x)
    model = Model(inputs=inputs, outputs=prediction)
    model.compile(optimizer=optimizer, loss='categorical_crossentropy',

                  metrics=["accuracy"])
    return model
```

在这个例子中，想为 Dropout 搜索一个理想的值，并想尝试几种不同的优化器。为了实现这一点，需要将这些作为参数包含在函数中，以便可以通过随机搜索方法更改它们。当然，可以使用相同的方法来对许多其他网络体系结构的选项进行参数化及测试。但本书在这里并没有展开来介绍。

接下来，将创建一个函数，该函数将返回想要搜索的所有可能的超参数的字典及其值的空间。其代码如下所示：

```
def create_hyperparameters():
    batches = [10, 20, 30, 40, 50]
    optimizers = ['rmsprop', 'adam', 'adadelta']
    dropout = np.linspace(0.1, 0.5, 5)
    return {"batch_size": batches, "optimizer": optimizers,
        "keep_prob": dropout}
```

剩下的就是使用 RandomSearchCV 将这两个部分连接在一起。首先，将模型包装到 keras.wrappers.scikit_learn.KerasClassifier 中，以便它与 scikit-learn 相兼容。其代码如下所示：

```
model = KerasClassifier(build_fn=build_network, verbose=0)
```

下面，将使用以下代码获取超参数字典：

```
hyperparameters = create_hyperparameters()
```

最后，将创建一个 RandomSearchCV 对象，并使用它来搜索模型的参数空间。如下面的代码所示：

```
search = RandomizedSearchCV(estimator=model,
param_distributions=hyperparameters, n_iter=10, n_jobs=1, cv=3, verbose=1)
```

一旦对这个 RandomizedSearchCV 对象给定了具体的参数，它将从这些参数的分布中随机选择相应的值，并将它们应用于模型。在这个示例中，它将执行 10 次（n_iter = 10），并且将对每个组合进行 3 次尝试，因为我们在此使用了 3 次交叉验证。这意味着要对模型进行 30 次的拟合，然后采用这些运行结果的平均精度作为最终参数，并通过类属性 .best_estimator 返回一个最佳模型，.best_params_ 返回最佳参数。

为了实现模型的拟合，只需调用它的 fit 方法即可，就像它也是一个模型一样。如下面的代码所示：

```
search.fit(data["train_X"], data["train_y"])

print(search.best_params_)
```

按照上述方法，在 Tesla K80 GPU 环境下，对第 5 章中所使用的 MNIST 模型进行拟合，大约需要 9 分钟的运行时间。在调用此部分之前，先看一下搜索的一些输出，如下面的代码所示：

```
Using TensorFlow backend.
 Fitting 3 folds for each of 10 candidates, totalling 30 fits
tensorflow/core/common_runtime/gpu/gpu_device.cc:1030] Found device 0 with
properties:
 name: Tesla K80 major: 3 minor: 7 memoryClockRate(GHz): 0.8235
 pciBusID: 0000:00:1e.0
 totalMemory: 11.17GiB freeMemory: 11.10GiB
tensorflow/core/common_runtime/gpu/gpu_device.cc:1120] Creating TensorFlow
device (/device:GPU:0) -> (device: 0, name: Tesla K80, pci bus id:
0000:00:1e.0, compute capability: 3.7)
 [Parallel(n_jobs=1)]: Done 30 out of 30 | elapsed: 8.8min finished
 {'keep_prob': 0.20000000000000001, 'batch_size': 40, 'optimizer': 'adam'}
```

正如在此输出中所看到的，通过 10 次运行，括号中的超参数看起来即为性能最佳的参数集。当然，也可以运行更多的迭代次数，以便找到更好的参数选择，对迭代次数的预算仅由时间、耐心和云账户所附带的信用卡来决定。

## 6.3.3　Hyperband

Hyperband 是一种超参数优化技术，由 Lisha Li、Kevin Jamieson、Guilia DeSalvo、Afshin Rostamizadeh 和 Ameet Talwalker 于 2016 年在伯克利（Berkley）开发。读者可以在 https://arxiv.org/pdf/1603.06560.pdf 上阅读他们的原始论文。

考虑对许多可能的超参数集进行随机抽样，正如在 RandomSearchCV 中所做的那样。当 RandomSearchCV 完成后，它将选择一个超参数配置作为这些采样的最佳配置。因此，Hyperband 采用了这样一种观点，那就是最佳的超参数配置通常都要优于其他的配置，即使是在迭代次数较少的情况下也是如此。Hyperband 中的 band 一词来自赌博机（bandit），意指基于多臂赌博机（multi-arm bandit）技术（一种用于竞争性选择之间资源分配优化的技术，以实现性能的优化）中反向搜索在搜索中所占的比例。

使用 Hyperband，可能会尝试一些可能的配置（n），并只进行一次训练迭代。其他作者均广泛使用迭代这一术语，以用于多种可能的用途。但是，本书将使用 epoch 来表示迭代。

在第一轮训练完成后，所生成的配置将按性能进行排序。再采用大量的迭代来对该列表的上半部分进行训练。然后重复这个减半和剔除的过程，从而得到一组数量非常小的配置。此时，再将在搜索中定义的全部迭代次数应用到该配置的训练上。此过程可以在更短的时间内获得最佳的超参数集，而不是以所有的 epoch 来进行各个可能配置的搜索。

在本章的 GitHub 存储库中，在 hyperband.py 中给出了一个 Hyperband 算法的实现。此实现主要源自 FastML 的实现，读者可以在 http://fastml.com/tuning-hyperparams-fast-with-hyperband / 上找到它。要使用它，需要从 Hyperband 对象的具体化开始，如下面的代码所示：

```
from hyperband import Hyperband
hb = Hyperband(data, get_params, try_params)
```

Hyperband 的构造函数需要以下三个参数：

1）data：即为上述示例中使用的数据字典。

2）get_params：用于从正在搜索的超参数空间中进行采样的函数的名称。

3）try_param：一个函数的名称，可用于评估 n_iter 次迭代的超参数配置，并返回相应的 loss。

在下面示例中，所实现的 get_params 函数可以以一种统一的方式对整个参数空间进行采样。

```
def get_params():
    batches = np.random.choice([5, 10, 100])
    optimizers = np.random.choice(['rmsprop', 'adam', 'adadelta'])
    dropout = np.random.choice(np.linspace(0.1, 0.5, 10))
    return {"batch_size": batches, "optimizer": optimizers,
        "keep_prob": dropout}
```

正如所见，选定的超参数配置将作为字典返回。

接下来，可以进行 try_params 函数的实现，从而以指定的迭代次数，通过超参数配置对模型进行拟合。其代码如下所示：

```
def try_params(data, num_iters, hyperparameters):
    model = build_network(keep_prob=hyperparameters["keep_prob"],
                          optimizer=hyperparameters["optimizer"])

model.fit(x=data["train_X"], y=data["train_y"],
        batch_size=hyperparameters["batch_size"],
        epochs=int(num_iters))
loss = model.evaluate(x=data["val_X"], y=data["val_y"], verbose=0)
return {"loss": loss}
```

try_params 函数将返回一个字典，可用于任意数量度量指标的跟踪。但是，当它用于一轮运行结果的比较时，还需要 loss 的参与。

当通过 .run（）方法来调用一个 Hyperband 对象时，它将以上述所描述的算法来运行。

```
results = hb.run()
```

在这种情况下，results 将成为每个运行得到的字典，包括运行时和所测试的超参数等。因为，即使是这种高度优化的搜索，它也是时间密集的，并且因为 GPU 的时间很宝贵，所以在本章的 GitHub 存储库中的 hyperband-output-mnist.txt 中给出了 MNIST 搜索的结果，读者可以在 http://github.com/mbernico/deep_learning_quick_reference/tree/master/chapter_6 中找到它。

## 6.4　小结

超参数优化是使深度神经网络达到最佳效果的重要一步。关于超参数搜索的最佳方法的探索，是机器学习研究领域中的一个悬而未决的活跃问题。尽管用户完全可以将最新的技术应用于您自己的深度学习问题中，但还是需要在决策中对实现的复杂性与搜索的运行时间进行权衡。

虽然有一些与网络体系结构有关的决策在很大程度上是可以进行穷尽搜索的，但正如上面所提到的，一些启发性的优秀实践能够使用户足够接近所搜索的参数，甚至还能减少搜索参数的数量。

总的来说，超参数搜索是一个经济问题。任何一个超参数搜索的首要问题均应该是关于计算时间预算的考虑，并且这是用户自己的时间，用户将以该时间来进行最佳超参数配置的搜索。

本章达成了一些深度学习的基本原则。下一章将从计算机视觉开始，继续讨论神经网络的一些更有趣和更先进的应用。

# 第 7 章
# 从头开始训练 CNN

深度神经网络彻底改变了计算机视觉。事实上，过去几年在计算机视觉方面取得的进展，已经使深度神经网络成为许多消费者每天都在使用的技术。第 5 章已经介绍过计算机视觉分类器，在那里使用深度网络来对手写数字进行分类。现在将介绍卷积网络的工作原理，以及如何使用它们，如何在 Keras 中构建自己的卷积神经网络，以构建更好、更强大的深度神经网络来解决计算机视觉问题。

本章将介绍以下主题：

1）卷积的引入；

2）在 Keras 中进行卷积神经网络的训练；

3）使用数据扩增。

## 7.1 卷积的引入

一个经过训练的卷积网络由许多特征检测器组成。这些特征检测器被称为滤镜，并作为一个滑动窗口在输入图片上移动。随后将介绍滤镜的内部组成，但现在可以将其视为一个黑盒子。假设有一个经过训练的单个滤镜，该滤镜可以被训练用于图像边缘的检测，可以将这种检测视为图像明暗之间的变换。当它经过图像时，其输出将给出它检测到的特征的存在及位置，这对于第二层滤镜将是非常有用的。现在将假想的实验再扩展一步，设想一下位于第二个卷积层中的单个滤镜，并且它也经过了训练。也许这个新的卷积层已经学会了在前一层找到的两条边中进行直角的检测。以此类推，随着不断深入，将会有更多卷积层的加入，从而使网络可以学会更复杂的特征。这种特征层次结构的概念是卷积神经网络的核心。图 7-1 来自 Honglak Lee 等人于 2011 年发表的著作 *Unsupervised Learning of Hierarchical Representations with Convolutional Deep Belief Networks*，它非常好地说明了特征层次结构的概念。

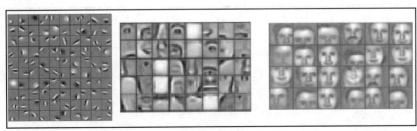

图 7-1

这是一种非常强大的技术，与之前用于 MNIST 的平坦的深度学习分类方法相比，它有诸多优点，随后将对其进行介绍。在此，首先深入了解一下滤镜。

### 7.1.1 卷积层的工作原理

上一节曾说过卷积层是一组充当特征检测器的滤镜。在进一步深入研究这种体系结构之前，先来回顾一下卷积在数学上究竟是如何进行的。

首先手动将图 7-2 中 $4 \times 4$ 的矩阵与 $3 \times 3$ 的矩阵进行卷积，后者称为滤镜。卷积过程的第一步是将滤镜的元素和 $4 \times 4$ 矩阵的前 9 个格的元素分别相乘，并对结果进行求和。

图 7-2

在完成了这个操作后，只需将滤镜向右滑动一格，并执行相同的操作。最后，再将滤镜向下滑动，再重复一次上述操作。卷积过程一旦完成，将得到一个 $2 \times 2$ 的矩阵，如图 7-3所示。

图 7-3

 从技术上讲，这不是一个卷积过程，而是一个交互相关。按惯例将其称为卷积，并且与目的之间其实没有多大差别。

### 1. 三维卷积

MNIST 是一个灰度级图像的示例，可以在二维矩阵中将每个图像表示为 0~255 的像素强度值。但是，大多数时候使用彩色图像。彩色图像实际上是一个三维矩阵，其维度为图像的高度、图像的宽度和颜色。这将导致图像中的每个像素在矩阵中均具有独立的红、蓝和绿的颜色值。

虽然上述给出的是一个二维滤镜，但仅需在一个（高度、宽度、3 种颜色）矩阵和一个 $3 \times 3 \times 3$ 的滤镜之间执行卷积，即可将上述思想应用到一个三维矩阵上。最后，仍然得到一个二维的输出，因为矩阵所有三个轴上的元素分别做乘积。顺便提醒一下，这些高维矩阵通常被称为张量，现在所做的仿佛就是使它们流动起来。

### 2. 一个卷积网络层

在此之前，已经讨论过一个包含多个线性函数单元（称为神经元）的深度神经网络层，它结合了一些非线性函数，如 relu。在卷积网络层中，每个单元是一个滤镜，并与非线性相结合。例如，一个卷积层可在 Keras 中定义如下：

```
from keras.layers import Conv2D
Conv2D(64, kernel_size=(3,3), activation="relu", name="conv_1")
```

在该卷积层中，有 64 个独立的单元，每个单元为一个 $3 \times 3 \times 3$ 的滤镜。在完成卷积运算之后，每个单元都会在其输出中添加偏置量和非线性，就像在传统的全相连网络层中所做的那样（稍后将详细介绍这一术语）。

在继续之前，先快速浏览一个示例的维度，这样就能确定是否是在同一个进度上。假设有一个 $32 \times 32 \times 3$ 的输入图像。现在将它与上面的卷积层进行卷积，该卷积层包含 64 个滤镜，因此该层的输出为 $30 \times 30 \times 64$，每个滤镜输出一个 $30 \times 30$ 的矩阵。

## 7.1.2 卷积层的好处

现在需要知道卷积网络层是如何工作的，下面就谈谈为什么使用卷积网络层，而不是以前使用过的普通网络层呢？

假设要通过普通的网络层的使用来实现上述谈到的相同输出构形，要将 $32 \times 32 \times 3$ 的图像作为网络的输入，这总共有 3072 个输入值。输出为一个 $30 \times 30 \times 64$ 的矩阵，这总共有 57600 个输出值。如果使用全相连的网络层来连接这两个矩阵，那么该网络层将有 176947200 个待训练的参数，即为 1.76 亿个。

然而，当使用上述卷积网络层时，将使用 64 个 $3 \times 3 \times 3$ 的滤镜，最终将产生 1728 个可学习参数和 64 个偏置量，总共有 1792 个参数。

显然，卷积层需要的参数要少得多。那为什么会是这样呢？

### 1. 参数共享

由于滤镜是用于整个图像数据的，因此，滤镜通过学习来对图像的特征进行检测，而不管它们在图像中所处的位置。这一特点是非常有用的，因为它提供了平移不变性。这意味着无论在整体图像中的方向如何，都可以检测到重要的特性。

回想一下 MNIST 的示例，可能很容易想到，在那里需要检测数字 9 中的圆圈，而不用考虑它在照片中所处的位置。进一步思考，假设一个分类器要将图片分类为汽车或猫的图片，那么很容易想到，可以使用一组能够检测出像汽车轮胎这样精细、复杂物品的滤镜。如果能实现轮胎的检测将是有用的，而不用考虑汽车的方向在图像中的哪个位置，因为轮胎之类物品的存在强烈地表明了图像不是猫（除非图像是驾驶汽车的猫）。

**2. 局部互连性**

滤镜关注相邻像素之间的互连性，因为它们的大小都是固定的。这意味着它们将最强烈地进行局部特征的学习。当与层中的其他滤镜和非线性相结合时，将使用户能够逐渐关注更大和更复杂的特征。这种局部特征的堆叠是非常理想的，也是卷积层如此伟大的关键原因。

## 7.1.3 汇聚层

除了卷积层之外，卷积神经网络通常还需要使用被称为汇聚层（pooling layer）的另一种类型的层。当进行卷积层的添加时，汇聚层被用来降低卷积网络的维度，这也会减少过度拟合的发生。使用汇聚层的另一个好处是它们可以使特征检测器更加稳健。

汇聚层首先将矩阵划分为非重叠的子块，然后通常采用每个子块中的最大值（在最大值汇聚的情况下）。相应地，在此也可以使用每个子块中的平均值，但是，现在很少这么用。图 7-4 所示为这种技术的处理过程。

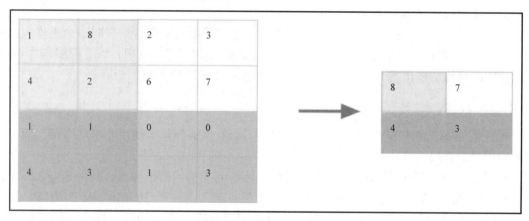

图 7-4

正如所期望的那样，在 Keras 中汇聚的实现是很容易的。以下代码可用于汇聚层：

```
from keras.layers import MaxPooling2D
pool1 = MaxPooling2D(pool_size=(2, 2), name="pool_1")
```

在这里，将汇聚窗口定义为 2×2。

在上述讨论中，虽然没有提到填充，但在某些体系结构中，通常会采用 0 来对卷积层或汇聚层的输入进行填充，以便使得输出维度与输入维度相等。Keras 中卷积和汇聚层的默认值都是有效填充，这意味着按照惯例是没有填充的。如果需要，可通过参数 padding = "same" 来进行填充的应用。

### 7.1.4　批量规格化

批量规格化有助于网络整体表现更好、学得更快。在应用程序中批量规格化的使用也是相当容易理解的。然而，对于为什么它能起到作用的问题，研究人员对此仍然有一些争论。

在每个非线性之后（或之前），可以通过批量规格化的使用，将每个小批量规格化为一个具有 0 均值和单位方差的小批量。批量规格化使得每个层都具有规格化的输入以供学习，从而使得网络层的学习更有效。

批量规格化的网络层很容易在 Keras 中实现，将在本章示例中的每个卷积层之后使用它们。以下为用于批量规格化的代码：

```
from keras.layers import BatchNormalization
x = BatchNormalization(name="batch_norm_1")
```

## 7.2　在 Keras 中训练卷积神经网络

前面已经介绍了卷积神经网络的基本原理，现在是构建卷积神经网络的时候了。在本案例研究中，将采用一个众所周知的问题 CIFAR-10。该数据集由 Alex Krizhevsky、Vinod Nair 和 Geoffrey Hinton 创建。

### 7.2.1　输入

CIFAR-10 数据集由 60000 个 32×32 的彩色图像组成，分属于 10 个类，每个类有 6000 幅图像。下面将使用 50000 张图像作为训练集，5000 张图像作为验证集，还有 5000 张图像作为测试集。

卷积神经网络的输入张量层将是（$N$，32,32,3）的，再将其传递给 build_network 函数，如之前所做的那样。以下代码用于网络的构建：

```
def build_network(num_gpu=1, input_shape=None):
    inputs = Input(shape=input_shape, name="input")
```

### 7.2.2　输出

该模型的输出将是 0~9 的类预测。下面将使用 10 个 softmax 节点，就像在 MNIST 所使用的一样。令人惊讶的是，输出层没有发生任何改变。将使用以下代码来定义输出：

```
output = Dense(10, activation="softmax", name="softmax")(d2)
```

### 7.2.3　成本函数和度量指标

在第 5 章中，使用分类交叉熵作为多元分类器的代价函数。在此构建的只不过是另一种多元分类器，因此可以继续使用分类交叉熵作为代价函数，并将精度作为度量指标。现在已经开始使用图像作为输入了，但幸运的是成本函数和度量指标保持不变。

### 7.2.4 卷积层

如果用户想知道在这个实现中哪些地方会有所不同，那么不同的地方就在这里。在此将使用两个卷积层，批量规格化和最大值汇聚。这将要求用户做出相当多的选择，当然这些选择可以稍后在超参数搜索中进行。现在所要做的就是首先要让它能动起来，如 Donald Knuth 所说，过早的优化是万恶之源。将使用以下的代码段来定义两个卷积块：

```
# convolutional block 1
conv1 = Conv2D(64, kernel_size=(3,3), activation="relu",
name="conv_1")(inputs)
batch1 = BatchNormalization(name="batch_norm_1")(conv1)
pool1 = MaxPooling2D(pool_size=(2, 2), name="pool_1")(batch1)

# convolutional block 2
conv2 = Conv2D(32, kernel_size=(3,3), activation="relu",

name="conv_2")(pool1)
batch2 = BatchNormalization(name="batch_norm_2")(conv2)
pool2 = MaxPooling2D(pool_size=(2, 2), name="pool_2")(batch2)
```

因此，在这里显然有两个卷积块，每个卷积块均包含一个卷积层、一个批量规格化层和一个汇聚层。

在第一个区块中，使用了 64 个 $3 \times 3$ 的滤镜，它们都具有 relu 激活函数。所使用的填充（padding）为 valid（即无填充），所使用的步幅为 1。批量规格化不需要任何参数，并且它不是真正可训练的。汇聚层使用 $2 \times 2$ 的汇聚窗口，填充方式为 valid padding，步幅为 2（窗口的尺寸）。

第二个块也非常相似，但是，滤镜的数量减半为 32。

虽然在这个体系结构中有许多旋钮需要调整，但首先要调整的是卷积内核的大小，内核大小往往是一个重要的选择。实际上，一些现代神经网络体系结构（如 Google 的 inception）允许在同一卷积层中使用多种滤镜尺寸。

### 7.2.5 全相连层

经过两轮的卷积和汇聚，张量已变得相对较小和较深。在 pool_2 之后，其输出维度为（ $n$, 6, 6, 32 ）。

在这些卷积层中，希望已经提取到了相关的图像特征，并且这些特征都呈现在这个 $6 \times 6 \times 32$ 的张量中。为了使用这些特征对图像进行分类，在进入最终输出层之前，需要将此张量连接到几个全相连层上。

在这个例子中，将使用一个 512 个神经元的全相连层，一个 256 神经元的全相连层，以及最终的 10 个神经元的输出层。也将使用 Dropout 来帮助防止过度拟合的发生，但只使用了一点点。此过程的代码如下所示，供读者参考：

```
from keras.layers import Flatten, Dense, Dropout
# fully connected layers
flatten = Flatten()(pool2)
fc1 = Dense(512, activation="relu", name="fc1")(flatten)
```

```
d1 = Dropout(rate=0.2, name="dropout1")(fc1)
fc2 = Dense(256, activation="relu", name="fc2")(d1)
d2 = Dropout(rate=0.2, name="dropout2")(fc2)
```

在上述过程中没有提到展平层。展平层所做的正如其名称所表示的那样，它将 $n \times 6 \times 6 \times 32$ 的张量展平为 $n \times 1152$ 的向量。该向量将作为完全相连层的输入。

## 7.2.6　Keras 中的多 GPU 模型

许多云计算平台可以提供包含多个 GPU 的环境。随着模型的规模和复杂性的增加，用户可能希望能够跨多个 GPU 来实现工作负载的并行化。在本地 TensorFlow 中实现这种负载并行化可能是一个有些复杂的过程，但在 Keras 中，它只是一个函数调用。

还是像往常一样，采用如以下所示的代码来构建一个模型：

```
model = Model(inputs=inputs, outputs=output)
```

然后，再通过以下代码将该模型传递给 keras.utils.multi_gpu_model：

```
model = multi_gpu_model(model, num_gpu)
```

在上述代码中，num_gpu 即为要使用的 GPU 数量。

## 7.2.7　训练

将上述模型整合在一起，并结合新的多 GPU 功能，将得到以下的体系结构：

```
def build_network(num_gpu=1, input_shape=None):
    inputs = Input(shape=input_shape, name="input")

    # convolutional block 1
    conv1 = Conv2D(64, kernel_size=(3,3), activation="relu",
        name="conv_1")(inputs)
    batch1 = BatchNormalization(name="batch_norm_1")(conv1)
    pool1 = MaxPooling2D(pool_size=(2, 2), name="pool_1")(batch1)

    # convolutional block 2
    conv2 = Conv2D(32, kernel_size=(3,3), activation="relu",
        name="conv_2")(pool1)
    batch2 = BatchNormalization(name="batch_norm_2")(conv2)
    pool2 = MaxPooling2D(pool_size=(2, 2), name="pool_2")(batch2)

    # fully connected layers

flatten = Flatten()(pool2)
fc1 = Dense(512, activation="relu", name="fc1")(flatten)
d1 = Dropout(rate=0.2, name="dropout1")(fc1)
fc2 = Dense(256, activation="relu", name="fc2")(d1)
d2 = Dropout(rate=0.2, name="dropout2")(fc2)

# output layer
output = Dense(10, activation="softmax", name="softmax")(d2)
```

```
# finalize and compile
model = Model(inputs=inputs, outputs=output)
if num_gpu > 1:
    model = multi_gpu_model(model, num_gpu)
model.compile(optimizer='adam', loss='categorical_crossentropy',
  metrics=["accuracy"])
return model
```

可以用以下代码来构建模型：

```
model = build_network(num_gpu=1, input_shape=(IMG_HEIGHT, IMG_WIDTH,
CHANNELS))
```

然后，可以对它进行训练，正如所期望的那样：

```
model.fit(x=data["train_X"], y=data["train_y"],
          batch_size=32,
          epochs=200,
          validation_data=(data["val_X"], data["val_y"]),
          verbose=1,
          callbacks=callbacks)
```

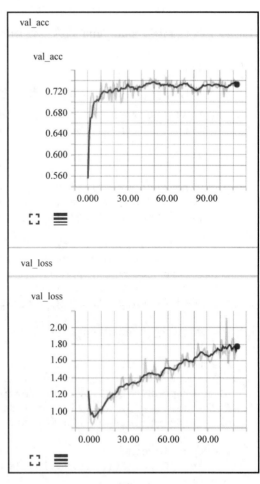

在训练这个模型时，过度拟合立即成为关注的焦点。在此，即使有两个相对适度的卷积层，还是有点过度拟合了。

可从以图 7-5 中看到过度拟合的效果。

这也并不奇怪，因为 50000 个观测的数据量还不够不，特别是对于计算机视觉问题来说。在实践中，计算机视觉问题只有在数据集非常大的情况下，才能获得好的效果。事实上，Chen Sun 在论文（https://arxiv.org/abs/1707.02968）中表明，附加的数据对计算机视觉模型的改进与数据量的对数成正比。不幸的是，在该案例中，再无法找到更多的数据了。但也许可以造一些数据出来，这就是接下来要介绍的数据扩增。

## 7.3 使用数据扩增

数据扩增是一种技术，通过该技术可以对图像进行变换，并同时使用原始图像和变换后的图像对模型进行训练。假设，我们有一个带有猫的训练集（见图 7-6）。

如果要对此图像应用水平翻转，则会得到如图 7-7 所示的图像。

图 7-5

图 7-6                                                    图 7-7

当然，这是两幅完全相同的图像。但可以将原始图像和转换后的图像作为训练样本一起使用。虽然这并没有训练集中两只独立猫的训练效果那么好，然而，它确实能教会电脑，不管猫朝哪个方向，它都是猫。

在实践中，可以做的不仅仅是水平翻转。当有必要的时候，还可以对图像进行垂直翻转、移动，以及随机旋转等操作。这将允许对数据集进行人为放大，并使它看起来比其自身更大。当然，到目前为止只能将其推进到此，但是当数据过少时，这是防止过度拟合的非常强大的工具。

## 7.3.1 Keras 中的图像数据扩增器（ImageDataGenerator 类）

不久前，进行图像扩增的唯一方法是对变换的图像进行编号，并将它们随机应用到训练集中，并在进行的过程中将变换后的图像保存到磁盘中（除此之外，没有太好的办法）。幸运的是，Keras 现在提供了一个图像数据扩增器（ImageDataGenerator 类），它可以让用户在训练过程中随时应用数据转换，而无须手动进行转换编码。

可以通过如下所示的实例化，来从 ImageDataGenerator 类创建一个数据生成器对象：

```
def create_datagen(train_X):
    data_generator = ImageDataGenerator(
        rotation_range=20,
        width_shift_range=0.02,
        height_shift_range=0.02,
        horizontal_flip=True)
    data_generator.fit(train_X)
    return data_generator
```

在这个例子中，同时使用了平移（shift）、旋转（rotation）和垂直翻转（horizontal flips）。但所使用的平移量非常小，应为通过实验发现，再大一点的平移就会显得过多了，以至于该网络实际上无法学到任何东西。随着对问题研究的进行，用户的经验也会逐渐有所不同。更大一些的图像对平移的相容性可能会更好一些。在这个案例中，使用的是 32 个像素的图像，这是一个非常小的图像。

### 7.3.2 具有数据扩增的训练

如果用户之前没有使用过扩增器，那么它的工作看起来就有点像一个迭代过程。每次调用 ImageDataGenerator .flow（）方法时，它都会生成一个新的训练小批量，并将转换应用到随机它所提供的图像上。

Keras Model 类附带了一个 .fit_generator（）方法，它的训练允许使用一个扩增生成器来进行，从而代替原来给定的数据集：

```
model.fit_generator(data_generator.flow(data["train_X"], data["train_y"],
batch_size=32),
                    steps_per_epoch=len(data["train_X"]) // 32,
                    epochs=200,
                    validation_data=(data["val_X"], data["val_y"]),
                    verbose=1,
                    callbacks=callbacks)
```

在这里，用扩增生成器替换了传统的 x 和 y 参数。最重要的是，请注意 steps_per_epoch 参数，可以采用任意训练集数据的倍数值来代替该参数，并且每次都可以应用随机变换。这意味着可以在每个 epoch 使用比数据集更多的小批量。在这里，仅采用了与观察数相同的小批量，但这不是必需的。如果可以的话，可以而且应该把这个数字提得更高。

在进行总结之前，先看一下在该案例中图像数据扩增的效果（见图 7-8）。

正如所看到的，仅仅是一点点的图像数据扩增，也的确对该训练有所改进，不仅仅是整体准确度更高，而且网络过度拟合也慢得多。当用户计算机视觉问题的数据很少时，图像数据扩增可能就是需要做的。

## 7.4 小结

本章在简要地介绍了很多相关背景的基础上，讨论了卷积层以及如何将它们用于神经网络。还介绍了批量规格化、汇聚层和数据扩增。最后，使用 Keras 从头开始训练卷积神经网络，然后使用数据扩增对该网络进行改进。

本章还讨论了基于计算机视觉的深度神经网络问题的数据缺乏的情形。下一章将展示迁移学习（transfer learning），这是作者最喜欢的技术之一，它将有助于快速解决计算机视觉问题，并在更少的数据中获得预期的效果。

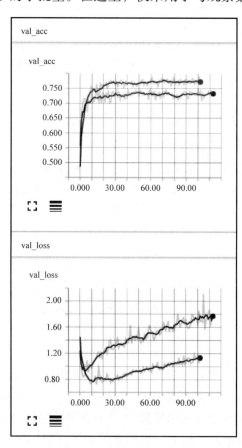

图 7-8

# 第 8 章
# 使用预训练 CNN 进行迁移学习

迁移学习（transfer learning）是神奇的。事实上，在这本充满神奇事物的书中，这可能是我要告诉您的最神奇的事情。即使不是这样，它至少也可能是作者能教您的最有用、最实用的深度学习技术。迁移学习可以帮助用户解决深度学习的问题，特别是计算机视觉问题。相对于这类问题的需求来说，通常都存在数据非常少、计算能力也很低的问题。本章将讨论什么是迁移学习，何时应该使用它，以及最后如何在 Keras 中进行迁移学习。

本章将介绍以下主题：

1）迁移学习概述；

2）何时使用迁移学习；

3）源 / 目标量比及相似度的影响；

4）在 Keras 中进行迁移学习。

## 8.1 迁移学习概述

在第 7 章卷积神经网络中，在大约 50000 个观测值上对卷积神经网络进行了训练。由于网络和问题的复杂性，在几个 epoch 之后就过度拟合了训练集。但对于计算机视觉问题来说，具有 50000 个观察的训练集并不是很大，事实上也是如此。计算机视觉问题是偏好数据的，如果可以提供的数据越多，则它们的表现就越好。

那些比较先进的计算机视觉问题的深度神经网络通常都是在一个被称为 ImageNet 的数据集上进行训练的。ImageNet 数据集（http://www.image-net.org/）是一个包含 120 万张图片的 1000 个类的分类器，这个数据规模还算说得过去。这么大的一个数据集才能够使研究人员构建真正复杂的深度神经网络，以实现复杂特征的检测。当然，对这样一个通常超过 100 层的模型，通过 120 万张图像进行训练，其代价通常也是很高的。训练时间可能需要数周或数月，而不是数小时的问题。

如此来说，对于这样一个拥有众多网络层，并在数百万图像上进行过训练的最先进的网络模型，如何着手将其应用于一个仅具有少量数据的计算机视觉问题呢？这正是迁移学习（transfer learning）要解决的问题！

要使用迁移学习，将执行以下的步骤：

1）首先，从一个经过非常大的数据集训练的复杂的计算机视觉问题模型开始。在此将其称为源域。

2）其次，删除源域网络的最后一层（softmax 层），有时可能还要删除相应的全相连层。

3）然后采用适合新问题的网络层来替换上述的删除层。在此将其称为目标域。

4）冻结已经训练过的所有网络层，使其权重不再发生改变。

5）最后，在目标域数据上对上述网络进行训练。

如果停止在这里，那么这一过程通常被称为特征提取，因为使用在源域上训练的网络来提取目标域的视觉特征。从而可以将一个相对较小的神经网络套接在上述特征提取网络上，以执行目标域的任务。根据目标和数据集的情况，这也可能就足够了。

除此之外，还可以通过解冻部分或全部的冻结层，并对其进行再训练，以实现整个网络的调优。调优通常以非常小的学习速率进行。随后将讨论什么时候开始使用调优，但在此之前，还是要先介绍使用迁移学习的一些原因。

## 8.2 何时使用迁移学习

当所拥有的训练数据有限，并且存在一个解决类似问题的网络时，迁移学习将是非常有效的。可以通过迁移学习将一个最先进的网络和海量的训练数据带入另一个较小的问题中。因此，若问到什么时候应该使用迁移学习，那么答案是任何时候都可以。但是，在进行迁移学习时，有两个条件首先应加以考虑，以下将对此进行介绍。

### 8.2.1 有限的数据

在计算机视觉和迁移学习方面，经常遇到的问题是：必须拥有多少张图片？这是一个难以回答的问题。因为正如将在下一节中看到的那样，图片通常是越多越好。一个更好的问题可能是：最少可以用多少图像来充分解决业务问题？

如此说来，数据集究竟受限到什么程度才是允许的呢？虽然远非科学，但作者曾经构建了一个用于二元分类任务的模型，仅使用了 2000 个图像，尽管这么做并不算科学，但它依然是有效的。在数据集较小的情况下，任务越是简单，图像数据集越是多样化，所获得的结果通常越可以令人满意。

根据经验，对于几个类来说，通常至少需要几千训练图像。而且，一般来说，10000~20000 个图像通常会更好。

### 8.2.2 公共问题域

如果目标域与源域至少有几分相似，则迁移学习效果往往会很好。例如，假设要将图像分类为是否包含了猫或狗，则有许多 ImageNet 训练的图像分类器，非常适合用于此种类型的问题。

相反地，想象一下，如果问题是将 CT 扫描或 MRI 图像分类为是否包含肿瘤，则此目标域与 ImageNet 源域是非常不同的。因此，尽管使用转移学习可能（也许将会）是有益的，但需要更多的数据，并且可能需要一些调优以使网络来适应这个目标域。

## 8.3   源 / 目标量和相似度的影响

直到最近，才有少量的研究来探讨训练数据量和源 / 目标域的相似度对迁移学习效能的影响。然而，这是一个对迁移学习的可用性很重要的一个话题，作者曾经对此话题写过一点东西。在作者的同事 Yuntao Li、Dingchao Zhang 和作者所撰写的论文《迁移学习应用中数据量和域相似度影响的研究》（*Investigating the Impact of Data Volume and Domain Similarity on Transfer Learning Applications* https://arxiv.org/pdf/1712.04008.pdf）中做了一些关于这些主题的实验，论文里给出了发现的结论。

### 8.3.1   更多的数据总是有益的

在论文《深度学习时代数据不合理有效性的再审视》（*Revisiting Unreasonable Effectiveness of Data in Deep Learning Era*）中，Google 的研究人员主导进行了几项实验。在实验中，他们构建了一个内部数据集，其中包含有 3 亿次的观测，这显然比 ImageNet 数据集大得多。然后，他们在该数据集上对几个最先进的模型体系结构进行了训练。训练过程中，他们将提供给模型的数据量从 1000 万增加到 3000 万、1 亿，最后增加到 3 亿。通过这样一个过程，他们的结果表明，模型的性能随着用于训练的观察数量的对数呈线性增加，从而表明，更多的数据总是有助于源域的。

但目标领域的情况又如何呢？使用一些类似于在迁移学习期间可能使用的相同类型的数据集重复 Google 的实验。这些数据集含有将在本章的后续部分将要使用的 Dogs 与 Cats 数据集（Dogs vs. Cats）。可以发现，在目标域模型中，性能随着用于训练的观察数量的对数呈线性增加，这与源域中的情况完全相同，并表明更多的数据总是有益的。

### 8.3.2   源 / 目标域的相似度

与其他类型的问题相比，迁移学习的独特之处在于其关注于源和目标问题域之间的相似程度。经过训练以进行面部识别的分类器可能不会轻易地迁移到各种体系结构识别的目标域。曾经有一些实验，其中的源和目标尽可能地不相同；同时还做了另一些实验，其中的源和目标域非常相近。结果不出所料，当迁移学习应用程序中的源域和目标域非常不同时，它们需要的训练数据比它们相似时更多。当源域和目标域看起来非常不同时，还需要对它们进行大量的调优，因为此时的特征提取层需要进行很多的再学习。

## 8.4   在 Keras 中进行迁移学习

与本书中的其他示例不同，这里需要介绍目标域问题、源域问题以及我们正在使用的网络体系结构。首先将概述目标域，这是试图解决的问题。然后将介绍该网络最初接受训练的源域，并简要介绍将使用的网络体系结构。最后，将本章的后续部分用在问题的合并连接上。下面需要分别来看这两个域的情况，因为它们的规模和相似度与网络的整体性能密切相关。目标和源的类型越接近，其效果则越好。

## 8.4.1　目标域概述

在本章的例子中，将使用 Kaggle 的 Dogs vs. Cats 数据集。该数据集包含 25000 张狗和猫的图像。各类型之间的图像数据是完全平衡的，均为 12500 幅。该数据集可以从 https://www.kaggle.com/c/dogs-vs-cats/data 上下载。

这是一个二元分类问题，每张照片都包含有一只狗或一只猫，但两者不同时包含。

该数据集是由微软研究院（Microsoft Research）的 Jeremy Elson 等人于 2007 年构建的，目前托管在 www.kaggle.com 上。它是完全免费下载并用于学术用途的，但它需要 Kaggle 账户并要求接受其最终用户许可。正因为如此，它是一个很优秀的数据集，所以将在这里给出使用它的一些说明。

## 8.4.2　源域概述

接下来将从 ImageNet 上训练的深度神经网络开始。如果回忆一下迁移学习概述部分的介绍，ImageNet 是一个拥有 1000 个类的分类器，并通过大约 120 万个图像进行了训练。ImageNet 数据集中都存在狗和猫的图像，因此在这种情况下，目标域实际上与源域非常相近。

## 8.4.3　源网络体系结构

将使用 Inception-V3 网络体系结构（https://www.cv- foundation.org/openaccess/content_cvpr_2016/papers/Szegedy_Rethinking_the_Inception_CVPR_2016_paper.pdf）。相对于目前在本书中所看到的其他体系结构来说，Inception 体系结构很有趣并且相当复杂。回忆一下第 7 章的卷积神经网络，对于该网络体系结构，用户必须做出的决定之一是滤镜尺寸的选择。对于其每一个层来说，用户必须决定是应该使用 $3 \times 3$ 的滤镜，还是 $5 \times 5$ 的滤镜。当然，也许根本不需要另一个卷积层，而是像汇聚层之类的更合适。那么，如果在每一层都将所有该做的事情做完，那么结果会怎样呢？这将是实现了 Inception 之后该考虑的。

该体系结构是基于一系列模块，或被称为 inceptions modules 的构建块的。在每个 inceptions modules 中，之前所述的激活函数分别被加到一个 $1 \times 1$ 的卷积、$3 \times 3$ 的卷积、$5 \times 5$ 的卷积和一个最大值汇聚层上，然后再将它们的输出连接在一起。

Inception-V3 网络由几个堆叠在一起的 inceptions modules 组成。最后两层都是全相连的，其输出层是 1000 个具有 softmax 的神经元。

可以通过使用 keras.applications.inception_v3 中的 InceptionV3 类来加载 Inception-V3 网络及其权重。Keras 在其网络库中有几个流行的网络，它们都位于 keras.applications 内。它还可以实现 TensorFlow 中创建的模型的加载，只需要额外多做一点工作。在其他体系结构中训练模型的转换也是可以的，但它超出了快速实践的范围。

要实现 Inception 的加载，只需要对一个 InceptionV3 对象进行实例化即可，它本身也是一个 Keras 模型，如下面的代码所示：

```
from keras.applications.inception_v3 import InceptionV3
base_model = InceptionV3(weights='imagenet', include_top=False)
```

可以注意到，在这里有 include_top = False 的语句，它表示不需要网络的顶层，这可以免于手动删除它们的工作。当此代码第一次运行时，它将下载 Inception-V3 网络体系结构、保存网络的权重，并将它们进行缓存以供使用。现在，只需要添加自己的全相连层即可。

## 8.4.4　网络体系结构的迁移

下面将使用更适合本例的全相连层来进行网络最后两层的替换。由于该问题是一个二元分类，因此将用一个带有 sigmoid 激活的神经元来替换输出层。相应的代码如下所示：

```
# add a global spatial average pooling layer
x = base_model.output
x = GlobalAveragePooling2D()(x)
# let's add a fully-connected layer
x = Dense(1024, activation='relu')(x)
# and a logistic layer
predictions = Dense(1, activation='sigmoid')(x)

# this is the model we will train
model = Model(inputs=base_model.input, outputs=predictions)
```

请注意，在此使用了 GlobalAveragePooling2D 层。该层将前一层的 4D 输出展平为一个 2D 层，通过这种平均操作使其适合于全相连层。也可以在加载基本模型时，通过指定 pooling='avg' or 'max'，来实现此目的。最终的做法取决于用户的个人喜好。

到这一步，网络已基本就绪，可以开始训练了。但是，在进行训练之前，还需要记住进行基础模型中的层的冻结，这样在新的全相连层进行疯狂的学习过程中，基础模型中层的权重不会发生改变。为此，可以使用以下代码来对各层进行遍历，并将它们设置为不可训练的：

```
for layer in base_model.layers:
    layer.trainable = False
```

## 8.4.5　数据准备

首先从 Kaggle（https://www.kaggle.com/c/dogs-vs-cats/data）上下载训练数据，并将下载的 train.zip 解压到本书的 Chapter08 目录中。此时，将拥有一个名为 train / 的目录，其中包含了 25000 张图像，每个图像的命名形式为 cat.number.jpg。

除此之外，还要对这些数据进行一些移动，以便为 train、val 和 test 提供单独的目录。这些目录中的每一个都还应该有一个 cat 和 dog 子目录。这是一个烦琐且无聊的工作，所以本书已经创建了一个 data_setup.py 程序来做这件事。在此程序运行后，所有的数据均将被恰当地格式化，以在本章的后续部分进行使用。

上述工作完成后，将拥有一个具有图 8-1 所示结构的数据目录。

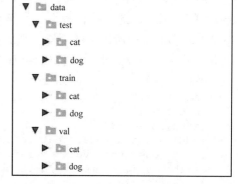

图 8-1

## 8.4.6　数据输入

如果快速地对这些图像进行浏览，应该能看到图像在分辨率和大小上都是不同的。然而，正如在第 7 章卷积神经网络中所了解的那样，需要这些图像与神经网络的输入张量相一致。这是一个非常现实的问题，在计算机视觉任务中将经常遇到。虽然使用诸如 ImageMagick（http://www.imagemagick.org）之类的程序来批量调整图像的大小是可以的，但使用 Keras 的 ImageDataGenerator 类使得可以在同一个流程中来进行图像大小的调整是现在要做的。

Inception-V3 需要 $299 \times 299 \times 3$ 的图像，可以在数据生成器中指定此目标数据的大小值，如以下代码所示：

```
train_datagen = ImageDataGenerator(rescale=1./255)
val_datagen = ImageDataGenerator(rescale=1./255)

train_generator = train_datagen.flow_from_directory(
    train_data_dir,
    target_size=(img_width, img_height),
    batch_size=batch_size,
    class_mode='binary')

validation_generator = val_datagen.flow_from_directory(
    val_data_dir,

target_size=(img_width, img_height),
batch_size=batch_size,
class_mode='binary')
```

现在当然可以在这里使用数据扩增，但此时并不真正需要它。

也许，在这里所做的最有趣的事情是数据生成器的 flow_from_directory（ ）方法的使用。该方法采用了一个目录，并为该目录生成了批量的图像。它完成了加载磁盘图像的所有工作。因为它一次处理一个批量，所以当不需要它们时，甚至不需要在 RAM 中保存所有的 50000 个图像。

## 8.4.7　训练（特征提取）

对于这个模型，将要进行两轮训练。对于第一轮训练，将通过网络冻结进行 10 个 epoch 的训练，以进行特征提取。在该轮中，仅对全相连层的权重进行调整，如在网络体系结构转移部分中所讨论的那样。然后，在下一轮训练中将解冻一些层，并再次进行训练，以进行另外 10 个 epoch 的调优。相应的代码如下所示：

```
data_dir = "data/train/"
val_dir = "data/val/"
epochs = 10
batch_size = 30
model = build_model_feature_extraction()
train_generator, val_generator = setup_data(data_dir, val_dir)
callbacks_fe = create_callbacks(name='feature_extraction')
# stage 1 fit
```

```
model.fit_generator(
    train_generator,
    steps_per_epoch=train_generator.n // batch_size,
    epochs=epochs,
    validation_data=val_generator,
    validation_steps=val_generator.n // batch_size,
    callbacks=callbacks_fe,
    verbose=1)

scores = model.evaluate_generator(val_generator, steps=val_generator.n //
batch_size)
print("Step 1 Scores: Loss: " + str(scores[0]) + " Accuracy: " +
str(scores[1]))
```

在上述示例中，使用 ImageDataGenerator *n* 属性来了解生成器可用的图像总数，并将每个 epoch 的步数定义为该数值除以批量的大小。

这段代码的其余部分应该很熟悉。

如前所述，只需要训练大约10个epoch。现在，在TensorBoard中看看训练的过程（见图8-2）。

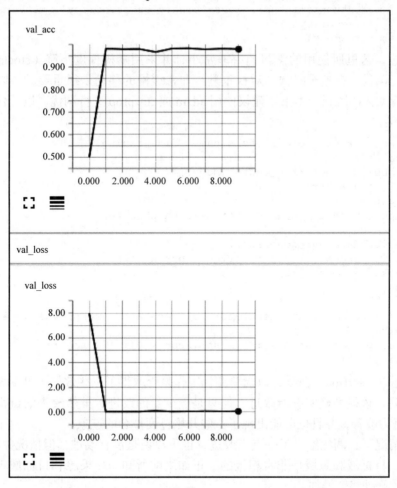

图 8-2

正如所看到的，即使在第一个 epoch 之后，网络的表现也非常好。直到大约第 7 个 epoch，实现了非常微小的性能改进。在第 7 个 epoch 期间实现了最佳的性能，精度达到了 0.9828，loss 为 0.0547。

## 8.4.8 训练（调优）

为了对网络进行调优，需要解冻一些冻结的层。将解冻的层的数量是用户需要给出选择的，可以根据需要来解冻网络的层。在实践中，大多数时候，只能看到最顶层的解冻所带来的收益。在这里只解冻非常靠后的一些 inception block，它从网络上的第 249 层开始。以下代码这种技术进行了描述：

```
def build_model_fine_tuning(model, learning_rate=0.0001, momentum=0.9):
    for layer in model.layers[:249]:
        layer.trainable = False
    for layer in model.layers[249:]:
        layer.trainable = True
    model.compile(optimizer=SGD(lr=learning_rate,
     momentum=momentum), loss='binary_crossentropy', metrics=
        ['accuracy'])
    return model
```

另请注意，这里所使用的学习速率非常小，并采用随机梯度下降（stochastic gradient descent）进行调优。在这个时候，对权重进行非常缓慢的移动是很重要的，以防止在误差的方向上进行太大的跳跃。本书不建议使用 adam 或 rmsprop 进行调优。以下代码对调优机制进行了描述：

```
callbacks_ft = create_callbacks(name='fine_tuning')
# stage 2 fit
model = build_model_fine_tuning(model)
model.fit_generator(
 train_generator,
 steps_per_epoch=train_generator.n // batch_size,
 epochs=epochs,
 validation_data=val_generator,
 validation_steps=val_generator.n // batch_size,
 callbacks=callbacks_ft,
 verbose=2)

scores = model.evaluate_generator(val_generator, steps=val_generator.n //
batch_size)
print("Step 2 Scores: Loss: " + str(scores[0]) + " Accuracy: " +
str(scores[1]))
```

再次查看 TensorBoard 曲线，以检验调优工作是否取得了一些效果（见图 8-3）。

毫无疑问，该模型确实有所改进，但只是极少量的改进。虽然改进的量很小，但验证 loss 一直在努力改善，并且也可能出现了一些开始过度拟合的迹象。

在这种情况下，调优给出了一点点改进，也可以说是没有改进，但情况并非总是如此。在该示例中，目标域和源域是非常相近的。正如之前所知，如果源和目标域不相同，则从调优中获得的好处将会增加。

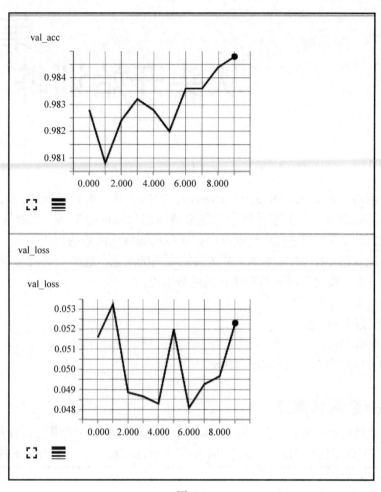

图 8-3

## 8.5　小结

本章讨论了迁移学习，并演示了如何通过使用在源域中预先训练过的网络来极大地提高训练时间，并最终改善深度神经网络的性能。希望读者喜欢这种技术，因为它非常实用，通常可以从中获得很好的效果。

下一章将从计算机视觉转向那些能够记住先前输入的网络，并使其成为序列中下一个项预测的理想选择。

# 第 9 章
# 从头开始训练 RNN

递归神经网络（Recurrent Neural Networks，RNN）是一组神经网络，用来对序列数据进行建模。在前几章中，研究了使用卷积层来进行图像特征的学习。当要从一系列相关的序列值 $x_t$，$x_{t-1}$，$x_{t-2}$，$x_{t-3}$ 中进行特征学习时，递归层能取到同等的作用。

本章将讨论如何使用 RNN 网络来解决时间序列的问题，这是一类有关预测的问题，它们通常都含有一系列按时间或先后顺序排列的数据点。

本章将介绍以下主题：

1）递归神经网络概述；

2）时间序列问题；

3）使用 LSTM 网络进行时间序列预测。

## 9.1　递归神经网络概述

如果不清楚递归神经网络定义，那么可以看一个股票市场自动收报机的例子。可以在其中观察股票价格随时间变化的情况，例如图 9-1 中的 Alphabet Inc.，它就是时间序列的一个例子。

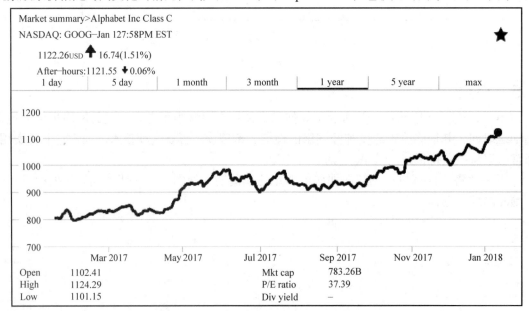

图 9-1

下一章将讨论使用递归神经网络来进行语言的建模，这是另一种类型的序列，即一个单词的序列。既然您正在读这本书，那么无疑已经对语言序列有了一些直觉。

如果用户是时间序列问题的新手，那么他可能想知道是否可以使用普通的多层感知器来解决时间序列问题，这么做当然也是可以的。然而，实际上，使用递归网络几乎总能获得更好的结果。除此之外，递归神经网络对序列的建模还有以下两个优点：

1）它们可以比普通的 MLP 更容易学习到更长的序列；

2）它们可以处理不同长度的序列。

当然，这也留下了一个重要的问题。

## 9.1.1 如何让神经元进行递归？

递归神经网络具有一个环形结构，它允许信息从一个预测持续到下一个预测。这意味着每个神经元的输出不仅取决于当前的输入，还取决于网络的先前输出，如图 9-2 所示。

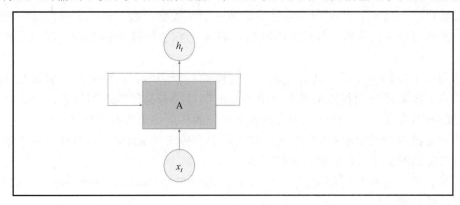

图 9-2

如果以时间顺序对图 9-2 进行展开，它看起来则会更像图 9-3。这种网络将信息向其自身传递的思想就是术语"递归"的来源。由于作者是学计算机专业的，所以总是将它视为递归神经网络。

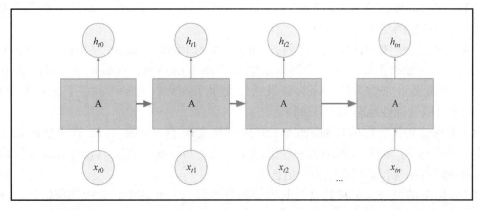

图 9-3

在图 9-3 中可以看到，在时间步序 0 上，神经元 A 接收输入 $x_{t0}$ 并输出 $h_{t0}$。然后在时间步序 1 上，神经元使用输入 $x_{t1}$ 和来自其前一时间步的信号来输出 $h_{t1}$。在时间步序 2 上，它在考虑其当前的输入 $x_{t2}$ 时，同时还要考虑来自前一时间步序的信号，该信号可能仍然包含来自时间步序 0 的信息。按这种方式继续进行，直至到达序列中的最后时间步，在这个过程中，网络会一步一步地增加它的记忆。

标准的 RNN 网络使用一个权重矩阵，将前一时间步的信号与当前时间步的输入和隐藏权重矩阵的乘积进行混合。在通过非线性函数（通常是双曲正切函数）进行馈送之前，这一切都被组合在一起。对于每个时间步序，这看起来像：

$$a_t = b + Wh_{t-1} + Ux_t$$
$$h_t = \tanh(a_t)$$
$$o_t = c + Vh_t$$

式中，$a_t$ 是前一时间步的输出和当前时间步的输入的线性组合，两者分别由权重矩阵 $W$ 和 $U$ 进行参数化。一旦 $a_t$ 计算完毕，它就会呈现一个非线性函数，该函数通常是一个双曲正切函数，从而得到 $h_t$。最后，神经元的输出 $o_t$ 将 $h_t$ 与权重矩阵 $V$ 结合在一起，并具有一个偏置量 $c$。

当看到这个结构时，可以试着想象一下这样的一个情形：在序列的早期就有一些非常重要的信息，随着序列变得越来越长，由于新的信号很容易压倒旧的信息，因此就很容易忘记重要的早期信息。这在数学上的表现就是单位的梯度将消失或者爆炸。

这也是标准 RNN 网络的主要缺点。在实践中，传统的 RNN 网络很难在一个序列中真正学习到长时期的交互，它们通常是健忘的。

接下来，看一看长短时间记忆网络（Long Short Term Memory Networks，LSTM），它可以克服这种局限。

## 9.1.2　长短时间记忆网络

在需要一个递归网络时，长短时间记忆网络 LSTM 可以真正良好地工作。正如可能已经猜到的那样，LSTM 网络擅长进行长时期互动的学习。事实上，这就是它们的目的。

LSTM 网络能够在积累来自先前时间步序信息的同时，选择何时忘记一些不相关的信息，以支持一些新的更相关的信息。

作为一个例子，来看这样一个序列：In highschool I took Spanish. When I went to France I spoke French。如果正在训练一个网络来进行 French 的预测，那么记住 France 并有选择地忘记 Spanish 是非常重要的，因为背景已经发生了变化。当序列的上下文发生变化时，LSTM 网络可以选择性地忘记一些事物。

为了实现这种选择性的长期记忆，LSTM 网络实现了一个遗忘门，这也使得 LSTM 网络成为一个被称为门控神经网络的神经网络家族的一员。这个遗忘门允许 LSTM 网络有选择地学习何时应从其长期记忆中丢弃信息的。

LSTM 网络的另一个关键特性是其内部的自递归，它允许单元累积长期信息。除了在 RNN 网络中看到的递归之外，此递归的使用还可以将其视为时间步之间的外递归。

相对于见过的其他神经元，LSTM 网络非常复杂，如图 9-4 所示：

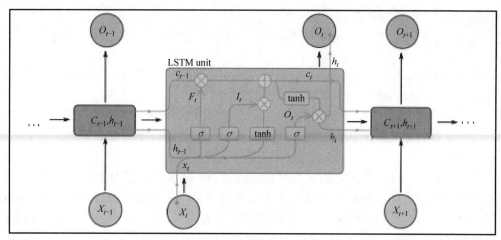

图 9-4

在将 LSTM 网络单元展开来看时，每个单元都有一个被称为 $x_t$ 的时间步 $t$ 的输入，一个被称为 $o_t$ 的输出，以及一个存储总线 $C$，它将上一个时间步的 $C_{t-1}$ 传递到下一个时间步的 $C_t$。

除了这些输入外，该单元还包含几个门。前面已经提到的第一个是遗忘门，在图 9-4 中标记为 $F_t$。

$$F_t = \sigma\left(W_f \cdot [h_{t-1}, x_t] + b_f\right)$$

该门的输出（介于 0 和 1 之间）与 $C_{t-1}$ 进行逐点相乘，这将使得该门可以控制从 $C_{t-1}$ 到 $C_t$ 的信息流动。

下一个门为输入门 $i_t$，用于候选函数 $C_t$ 的连接。候选函数 $C_t$ 对一个向量进行学习，该向量可以被添加到记忆状态中。输入门学习总线 $C$ 中的哪些值得到了更新。以下公式给出了输入门 $i_t$ 和候选函数 $C_t$ 的表达式：

$$i_t = \sigma\left(W_i \cdot [h_{t-1}, x_t] + b_i\right)$$
$$\text{Candidate}C_t = \tanh\left(W_C \cdot [h_{t-1}, x_t] + b_C\right)$$

在使用 $F_t$ 决定信息的遗忘之后，采用 $i_t$ 和 Candidate $C_t$ 的逐点乘积来决定添加到总线 $C$ 的信息，如下面的公式所示：

$$C_t = F_t \otimes C_{t-1} + i_t \otimes \text{Candidate}C_t$$

最后决定输出的信息，输出信息主要来自于存储总线 $C$，但是，它还被另一个称为输出门的门加以过滤。以下公式给出了输出信息的表达式：

$$\text{OutGate} = \sigma\left(W_o \cdot [h_{t-1}, x_t] + b_o\right)$$
$$o_t = \text{OutGate} \otimes \tanh\left(C_t\right)$$

尽管复杂，但 LSTM 网络对各种问题都非常有效。虽然存在 LSTM 网络的多种变体，但这种基本实现在大多数情况下仍然被认为是最新的技术，并应用于广泛的任务中。

其中一项任务就是预测时间序列中的下一个值，这也是将在本章中使用 LSTM 网络所要解决的问题。但是，在开始将 LSTM 网络应用于时间序列之前，需要对时间序列分析以及一些更传统的方法进行简要的回顾。

### 9.1.3　在时间上的反向传播

RNN 网络的训练需要一个略微不同的反向传播的实现，称之为时间上的反向传播（Backpropagation Through Time，BPTT）。

与常规的反向传播一样，BPTT 的目标是使用整体网络误差来调整每个神经元/单元的权重，这种调整也是按照于它们对整体误差的贡献，通过梯度下降来实现的。它们的总体目标是相同的。

使用 BPTT 时，将会对误差的定义稍做一些改变，正如前面看到的，一个递归神经元可以展开几个时间步序。我们关心的是所有这些时间步序的预测质量，而不仅仅是终端时间步序，因为 RNN 网络的目标是对一个序列实现正确预测。在这个前提下，一个逻辑误差的单位值被定义为所有展开的时间步序列上的误差总和。

因此，在使用 BPTT 时，需要对所有时间步序中的误差进行求和。然后，在计算出整体误差之后，再通过梯度下降来调整每个时间步序单元的权重。

这将迫使对 LSTM 网络展开的程度进行明确的定义。用户将在以下示例中看到这一点，在那里将创建一组特定的时间步序，并采用每个观察对其进行训练。

用户对反向传播步数的选择当然是一个超参数。如果需要在序列中学到很久以前的一些东西，那么必须在系列中包含很多的时滞以使用户具有捕获相关时段信息的能力。另一方面，捕获太多时间步序的信息也是不可取的，因为随着梯度在时间上的反向传播，它将变得非常小，网络将变得难以训练。这也是前几章中描述的梯度消失问题的另一个实例。

当对这种情形进行思考时，用户可能想知道选择太大的时间步序是否会导致程序的崩溃。如果梯度变得很小，以至于它们成为 NaN 时，就无法完成相应的更新操作。解决此问题的一种常见且简单的方法是将梯度固定在某一个上限和下限之间，这种方法称为梯度裁剪。默认情况下，所有的 Keras 优化器都启用了梯度裁剪。如果梯度被剪裁，网络可能不会在该时间步序中学到太多东西，但至少程序不会崩溃。

如果 BPTT 看起来真的令人困惑，那么想象一下 LSTM 网络处于展开状态的情形，其中每个时间步都存在一个这样的单元。对于这种网络结构，其梯度下降算法实际上与标准反向传播是完全一致的，不同的只是所有这些展开层都共享同一个权重。

## 9.2　重温时间序列问题

时间序列问题是一个涉及按时间顺序放置的一系列数据点的问题。通常将这些数据点表示为一个集合：

$$X=[x_t,\ x_{t-1},\ x_{t-2},\ x_{t-3},\ \cdots,\ x_{t-n}]$$

通常，时间序列分析的目标就是预测。但是，对于一个时间序列，还可以做很多其他有趣的事情，这个问题已超出了本书的范围。实际上，预测只是一种特殊形式的回归，目标是在给定一些先前的数据点 $x_{t-1}$, $x_{t-2}$, $\cdots$, $x_{t-n}$ 的情况下，来预测数据点 $x_t$ 或 $x_t$, $x_{t+1}$,

$x_{t+2}$，…，$x_{t+n}$。当时间序列自相关时，可以做到这样的预测。这意味着数据点与它们自身的一个或多个先前的时间数据点相关联（称其为时滞）。自相关越强，预测就越容易。

在许多书中，时间序列问题用 $y$ 来表示，而不是 $x$，并以此来暗含通常所关心的在给定自身的情况下来预测变量 $y$ 的思想。

### 9.2.1　存量和流量

在计量经济学时间序列中，一个量通常被定义为存量或流量。存量度是指特定时间点的数量。例如，2008 年 12 月 31 日的 $S$ 和 $P$ 为 500，则该值为存量的度量。流量的度量是指一段时间内的速率。美国股市从 2009 年到 2010 年的增长率就是流量的度量。

在预测方面，通常会关注流量的预测。如果将预测看作一种特定类型的回归，那么偏好流量预测的首要原因，也是最明显的原因，是流量估计更可能是插值而不是外推，并且插值几乎总是更安全的。此外，大多数时间序列模型都具有平稳性的假设。一个稳定的时间序列是指其统计特性（均值、方差和自相关）是不随时间变化的。如果使用一个存量度量的量值，则会发现大多数现实世界的问题将是远非静止的。

虽然在使用 LSTM 进行时间序列分析时没有平稳性前提（读取规则）的要求，但在实际经验中，作者发现 LSTM 在相对平稳的数据上将训练得更加稳健。几乎在所有情况下，当使用 LSTM 进行时间序列预测时，一阶差分都是足够的。

将一个存量的量值转换为一个流量的量值是非常简单的。假设有 $n$ 个数据点，可以用一阶差分来创建 $n-1$ 个流量量值。其中，对于每个流量量值 $t'_n$，可以通过从 $t_n$ 中减去 $t_{n-1}$ 来计算它，以给出在测量区间上的变化率，如以下公式所示：

$$t'_n = t_n - t_{n-1}$$

例如，如果在 3 月份拥有一个价值 80 美元的股票，并且它在 4 月突然升值为 100 美元，那么该存量量值的流量量值将是 20 美元。

一阶差分并不能确保一个时间序列的平稳性，因此可能还需要需要进行季节性或趋势的去除。趋势分离是专业预测人员日常生活的主要组成部分。如果使用传统的统计模型进行预测，则需要做更多的工作。虽然在此没有对这方面的内容加以介绍，但用户可能还需要执行二阶差分、季节性趋势分离或其他的一些工作。增强的 Dickey-Fuller（Augmented Dickey-Fuller，ADF）测试是一种统计测试，通常用于确定时间序列是否真正平稳。如果用户想知道自己的时间序列是否平稳，那么可以使用增强的 Dickey-Fuller 测试来进行检查。但是，对于 LSTM 网络，一阶差分通常可能足够好，只要知道网络肯定会学习到数据集中留下的季节性和周期性信息即可。

### 9.2.2　ARIMA 和 ARIMAX 预测

自回归综合移动平均（Auto Regressive Integrated Moving Average，ARIMA）模型系

列是值得一提的，因为它们是在传统上用于时间序列预测的。虽然作者是深度神经网络的忠实粉丝（事实上作者写了一本关于它们的书），但作者还是建议从 ARIMA 开始，逐步走向深度学习。在许多情况下，ARIMA 将胜过 LSTM 网络，特别是当数据稀疏时，情况更是如此。

从那些可能有效的最简单模型开始。有时这将是一个深度神经网络，但通常也会是一个更简单的模型，例如线性回归或 ARIMA 模型。模型的复杂性应该通过它所能提供的提升力来加以判定，并且通常是越简单越好。虽然本书中多次重申这一观点，但这个观点在时间序列预测中比其他任何主题都正确。

ARIMA 模型由三部分组成。AR 为自回归部分，力图通过其自身的自相关来对系列进行建模。MA 部分试图模拟时间序列中的局部突变或跳跃。I 部分则负责进行差分，这是刚刚介绍过的。ARIMA 模型通常采用三个超参数 p、d 和 q，它们分别对应于建模的自回归时滞的数量、差分的阶数以及模型的移动平均部分的阶。

ARIMA 模型在 R 语言的 auto.arima（）和预测包中得到很好的实现，这可能也是使用 R 语言的唯一理由。

ARIMAX 模型允许在时间序列模型中包含一个或多个协变量。读者可能会问，这里的协变量指的是什么？这是一个额外的时间序列，也与因变量相关，可用于预测性能的进一步提高。

交易者的一个普遍做法是，尝试通过使用来自另一种商品的一个或多个时滞，以及所要预测的商品的自回归部分来预测某些商品的价值。在这种情况下，ARIMAX 模型是有用的。

如果有许多具有复杂高阶相互作用的协变量，那么便找到了 LSTM 网络的时间序列预测的最佳位置。在本书的开头讨论了多层感知器非常适合输入变量之间复杂的相互作用的建模，提供了一个自动特征工程，从而为线性或逻辑回归提供了改进。当采用 LSTM 网络对具有许多输入变量的时间序列进行预测时，上述的这种特性将会得到进一步强化。

如果用户想了解更多关于 ARIMA、ARIMAX 和时间序列预测的信息，那么建议从 Rob J. Hyndman 的博客 Hyndsight 开始，其网址为 https://robjhyndman.com/hyndsight/。

## 9.3  使用 LSTM 网络进行时间序列预测

本章将通过使用 2017 年 1 月至 5 月比特币的每分钟价格来预测 2017 年 6 月比特币的每分钟美元价值。这听起来可能是有利可图的，但在进行这桩买卖之前，建议读者通读到本章的末尾。这毕竟是一件说起来容易做起来难的事情，即使对它进行建模并不是难事。

即使能够利用像这样的模型在美元和比特币之间创造套利（两个市场之间由于效率低下而导致的价格差异）的潜力，有关比特币交易策略的开发可能也是非常复杂的，这是由于比特币交易最终交易的延迟所引起的。在撰写本书时，比特币交易的平均交易时间超过一个小时，任何交易策略都应该考虑到这种"非流动性"因素。

和以前一样，本章的代码可以在本书的 Github 存储库的 Chapter09 中找到。文件 data/bitcoin.csv 包含了几年的比特币价格。基于前几年的市场行为与加密货币变得流行的 2017 年的行为无关的假设，在此将仅使用几个月的模型价格信息。

## 9.3.1 数据准备

对于此示例将不使用验证数据集，或者将使用测试集作为验证集。在进行此类问题的预测时，验证将变得具有挑战性，因为来自测试数据的训练数据越多，模型表现越差的可能性也越大。另一方面，这也不能提供太多的过度拟合保护。

因此，为了简单起见，在这里只使用一个测试数据集，并希望得到最好的结果。

在继续之前，先来看看将要做的数据准备的整体流程。为了使用此数据集来训练 LSTM 网络，接下来需要：

1）载入数据集并将 epoch 时间转换为 pandas 日期时间。

2）通过日期范围的切割来创建 train 和 test 数据集。

3）对数据集进行差分。

4）将所得到的差值缩放到更接近激活函数的范围内。在此将其缩放到 −1~1 之间，因为将使用 tanh 作为激活函数。

5）创建一个训练集，其中每个目标 $x_t$ 均具有与之关联的时滞序列 $x_{t-1}\cdots x_{t-n}$。在此训练集中，可以将 $x_t$ 视为通常的因变量 $y$，时滞序列 $x_{t-1}\cdots x_{t-n}$ 则可以被视为通常的 $X$ 训练矩阵。

在接下来的主题中将对上述每个步骤进行介绍，并在进行的过程中给出相关的代码。

### 1. 加载数据集

从磁盘加载数据集是一项相当简单的工作。正如之前提到的，将按日期对数据进行剪切。为此，需要将数据集中的 Unix epoch 时间转换为更多可剪切的日期。使用 pandas to_datetime（）方法可以轻松地完成此操作，如以下代码所示：

```
def read_data():
    df = pd.read_csv("./data/bitcoin.csv")
    df["Time"] = pd.to_datetime(df.Timestamp, unit='s')
    df.index = df.Time
    df = df.drop(["Time", "Timestamp"], axis=1)
    return df
```

### 2. 按日期将数据集切割为 train 和 test 数据集

可以构建一个基于日期的切片函数，因为数据帧是由日期时间戳记索引的。为此，将定义一个布尔掩码，并使用该掩码对现有的数据帧进行选择。虽然完全可以在一行中构建它，但以下这样的多行形式将更容易阅读。相应的代码如下所示：

```
def select_dates(df, start, end):
    mask = (df.index > start) & (df.index <= end)
    return df[mask]
```

现在可以使用日期来进行部分数据帧的抓取，可以使用以下代码，通过上述函数的几个调用，轻松创建一个训练数据帧和一个测试数据帧。

```
df = read_data()
df_train = select_dates(df, start="2017-01-01", end="2017-05-31")
df_test = select_dates(df, start="2017-06-01", end="2017-06-30")
```

在使用这些数据集之前，还需要对它们进行差分，如下所示。

### 3. 时间序列的差分

pandas 数据帧最初是为了时间序列数据的操作而创建的，这对我们来说也是幸运的，因为数据集的差分是时间序列中的常见操作，这已经方便地内置在其中了。但是，作为一个良好的编码经验，还应该为一阶差分操作外套一个函数。请注意，下面将在无法进行一阶差分的地方均采用 0 进行填充。以下代码给出该技术的实现：

```
def diff_data(df):
    df_diffed = df.diff()
    df_diffed.fillna(0, inplace=True)
    return df_diffed
```

通过对数据集的差分，将这个问题（存量问题）转换为一个流量问题。在比特币中，比特币的流量量值可以非常大，因为比特币的价值可以在几分钟内发生巨大的变化。因此，将通过数据集的缩放来解决这个问题。

### 4. 时间序列的缩放

下面将在此示例中使用 MinMaxScaler 将每个差分数据点缩放到最小值为 $-1$、最大值为 1 的区间。这将使数据与双曲正切函数（tanh）处在相同的值域中，该双曲正切函数为该问题的激活函数。使用以下代码来对本时间系列进行缩放：

```
def scale_data(df, scaler=None):
    scaled_df = pd.DataFrame(index=df.index)
    if not scaler:
        scaler = MinMaxScaler(feature_range=(-1,1))
    scaled_df["Price"] =
scaler.fit_transform(df.Close.values.reshape(-1,1))
    return scaler, scaled_df
```

请注意，这个函数可以选择性地使用一个已经经过调适的定标器，这将允许在测试集上应用 train 定标器。

### 5. 创建一个时滞的训练集

对于每个训练样本，均希望将网络训练为在给定一系列时滞 $x_{t-1} \cdots x_{t-n}$ 的情况下，进行 $x_t$ 的预测。理想的时滞数量是一个超参数，因此需要依次进行一些实验。

正如之前所讨论的那样，以这种方式进行的输入构造是 BPTT 算法的要求。使用以下代码来对数据集进行训练：

```
def lag_dataframe(data, lags=1):
    df = pd.DataFrame(data)
    columns = [df.shift(i) for i in range(lags, 0, -1)]
    columns.append(df)
    df = pd.concat(columns, axis=1)
    df.fillna(0, inplace=True)

    cols = df.columns.tolist()
    for i, col in enumerate(cols):
        if i == 0:
            cols[i] = "x"
        else:
            cols[i] = "x-" + str(i)

    cols[-1] = "y"
    df.columns = cols
    return df
```

例如，如果使用 lags = 3 来对 lag_dataframe 进行调用，那么将期望返回一个带有 $x_{t-1}$、$x_{t-2}$ 和 $x_{t-3}$ 的数据集。一个像这样的时滞代码是很难理解的，因此，建议运行该时滞代码，并在运行过程中逐渐熟悉它。

 对于时滞数量的选择，可能还需要考虑，在将模型部署到生产环境中时，在做出一个预测之前希望进行多少个时滞的等待。

### 6. 输入构形

Keras 希望 LSTM 网络输入是一个三维张量，如下所示：

$$\text{Samples*Sequence Length（Timesteps）*Features per Timestep}$$

第一个维度是拥有的观测数量，这也是所希望看到的。

第二个维度对应于在使用 lag_dataframe 函数时所选择的时滞数。这是要给到 Keras 以做出预测的时间步序数。

第三个维度是该时间步序中存在的特征数。在该示例中，将使用一个特征，因为在每个时间步序只有一个特征值，即该时间步序下的比特币价格。

 在继续阅读之前，请仔细思考一下此处所做的三维矩阵的定义所赋予的能力。此时，完全可以以数百个其他的时间序列为特征来进行一个时间序列的预测。通过这种做法，再加上 LSTM 的应用，将可以在这特征之间自由地进行特征工程的应用。正是这种功能使得 LSTM 在金融领域如此令人兴奋。

对于该问题，需要将一个二维矩阵转换为一个三维矩阵。为此，将使用 NumPy 的一个便捷的 reshape 函数，如下面的代码所示：

```
X_train = np.reshape(X_train.values, (X_train.shape[0], X_train.shape[1], 1))
X_test = np.reshape(X_test.values, (X_test.shape[0], X_test.shape[1], 1))
```

### 7. 数据准备的整合

在这个例子中进行了一系列的转换。在将要进行训练之前，最好还是来看看怎样将上述所有过程整合在一起。使用如下所示的另一个函数，将所有这些步骤整合在一起：

```python
def prep_data(df_train, df_test, lags):
    df_train = diff_data(df_train)
    scaler, df_train = scale_data(df_train)
    df_test = diff_data(df_test)
    scaler, df_test = scale_data(df_test, scaler)
    df_train = lag_dataframe(df_train, lags=lags)
    df_test = lag_dataframe(df_test, lags=lags)

    X_train = df_train.drop("y", axis=1)
    y_train = df_train.y
    X_test = df_test.drop("y", axis=1)
    y_test = df_test.y

    X_train = np.reshape(X_train.values, (X_train.shape[0],
X_train.shape[1], 1))

    X_test = np.reshape(X_test.values, (X_test.shape[0], X_test.shape[1],
1))

    return X_train, X_test, y_train, y_test
```

该函数为训练和测试数据帧分别施加了差分、缩放和时滞的操作代码，从而它将它们重组为用户所熟悉的 X 和 y 张量，分别用于训练和测试。

至此，可以仅用以下几行代码，将上述的从数据加载到训练、测试就绪的所有数据准备的转换整合在一起：

```python
LAGS=10
df = read_data()
df_train = select_dates(df, start="2017-01-01", end="2017-05-31")
df_test = select_dates(df, start="2017-06-01", end="2017-06-30")
X_train, X_test, y_train, y_test = prep_data(df_train, df_test, lags=LAGS)
```

有了这个，训练前的数据准备工作就算完成了。

### 9.3.2　网络输出

该网络将输出一个单一的数值，它是一个被缩放的流量度量值，也是基于前几分钟的变化值所预测的在某个给定分钟内的比特币价格的变化量。

可以通过使用一个单一的神经元来获得此输出，该神经元可以在 Keras 的 Dense Layer 中实现，它将采用多个 LSTM 网络神经元的输出作为它的输入，将在下一节对其进行介绍。最后，这个神经元的激活函数可以采用 tanh，因为已经将数据缩放到了与双曲正切函数相同的区间上。相应的代码如下所示：

```python
output = Dense(1, activation='tanh', name='output')(lstm2)
```

### 9.3.3　网络体系结构

该网络将使用两个 Keras LSTM 网络层，每一层具有 100 个 LSTM 网络单元：

```
inputs = Input(batch_shape=(batch_shape, sequence_length,
               input_dim), name="input")
lstm1 = LSTM(100, activation='tanh', return_sequences=True,
             stateful=True, name='lstm1')(inputs)
lstm2 = LSTM(100, activation='tanh', return_sequences=False,
             stateful=True, name='lstm2')(lstm1)
output = Dense(1, activation='tanh', name='output')(lstm2)
```

请特别注意 return_sequences 参数。在连接两个 LSTM 网络层时，需要前一个 LSTM 网络层为序列中的每个时间步序均输出预测，以便下一个 LSTM 网络层的输入是三维的。然而，Dense 层只需要一个二维输出，以便对预测任务所需要的确切时间步序进行预测。

### 9.3.4　stateful 与 stateless LSTM 网络

本章前面的内容里介绍了 RNN 网络跨时间步序的状态保持或记忆的能力。

使用 Keras 时，可以通过两种方式来配置 LSTM 网络，即 stateful 和 stateless。

stateless 配置是默认配置。使用 stateless LSTM 网络配置时，每个批次都会重置 LSTM 网络单元的记忆，这将使得批量的大小成为一个非常重要的考虑因素。当用户学习的序列彼此互不依赖时，stateless 最有效。对下一个单词的语句级预测可能是使用 stateless 的一个很好的例子。

stateful 配置在每个 epoch 才重置 LSTM 网络单元的记忆。当训练集中的每个序列与其前面的序列均存在依赖关系时，最常使用的就是这种配置。如果说语句级预测对于 stateless 配置可能是一项很好的任务的话，那么文档级预测对于 stateful 模型可能是一项很好的任务。

最终，这种选择将取决于问题本身，并且可能需要进行一些实验，以对每个选项都经过一些测试。

本例已经对每个选项都做了测试，并选择使用 stateful 模型。当考虑到问题的背景时，这个选择可能也不足为奇。

### 9.3.5　训练

在此，虽然该问题的类型看起来可能非常不同，但是一个 LSTM 网络的训练，实际上与在典型的横截面问题上的深度神经网络训练没有任何不同：

```
LAGS=10
df = read_data()
df_train = select_dates(df, start="2017-01-01", end="2017-05-31")
df_test = select_dates(df, start="2017-06-01", end="2017-06-30")
X_train, X_test, y_train, y_test = prep_data(df_train, df_test, lags=LAGS)
model = build_network(sequence_length=LAGS)
callbacks = create_callbacks("lstm_100_100")
model.fit(x=X_train, y=y_train,
          batch_size=100,
          epochs=10,
          callbacks=callbacks)
model.save("lstm_model.h5")
```

在准备好数据之后，采用之前已经完成的体系结构对网络进行实例化，然后再为其调用一个 fit 函数，就像预想的一样。

在这里使用的是 stateful LSTM 网络。stateful LSTM 网络的一个实际好处是，它们的训练 epoch 数通常比 stateless LSTM 网络更少。如果您要将其重构为 stateless LSTM 网络，那么在网络学习完成之前可能需要 100 个 epoch，而在这里只使用了 10 个。

### 9.3.6　测量性能

在 stateful 网络配置下，经 10 个 epoch 训练之后，loss 已经停止改善，该网络已经训练得相当好了，如图 9-5 所示。

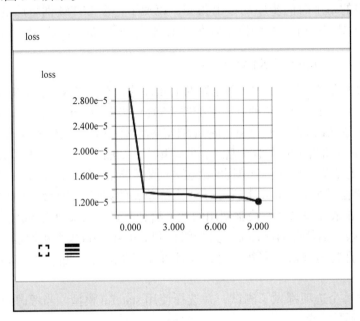

图 9-5

现在有了一个合适的网络，它似乎已经学到了一些东西，可以对比特币的价格变化量做出某种预测了。如果能做好这件事，那我们都将变得非常富有。在进行这桩买卖之前，应该先测试一下我们模型的性能。

对于一个金融模型来说，其终极测试的问题也就是用户是否真的愿意将钱放在其上的问题。但真要做出这样的决定也是很难的，因为时间序列问题中的性能测试可能是具有挑战性的。

测试性能的一种非常简单的方法是使用方均根误差来评估 y_test 与 X_test 上的预测之间的差异。这样的测试代码如下面所示：

```
RMSE = 0.0801932157201
```

0.08 这个结果到底好不好呢？为了进一步完善该研究，将预测结果和 6 月份比特币变化量的实际值进行了对比。这样做可能会给出一些关于模型性能的直观判断，也是作者一直建议的做法。对比的结果如图 9-6 所示。

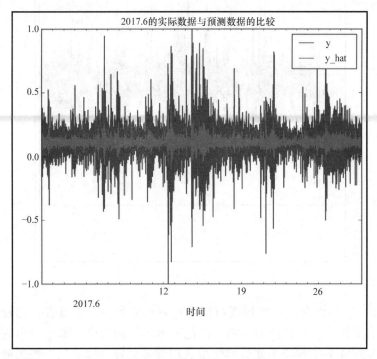

图 9-6

　　其中，绿色显示为本例的预测，它与我们的期望还有很大的差距。虽然该模型已经学会了平均变化量的预测，但它在匹配完整信号方面确实做得很差。甚至可能只是在学习一种趋势，因为也的确没有着力去做趋势分离。虽然可能不得不把这桩买卖再放一段时间，但我们正走在正确的道路上。

　　如果考虑到将预测作为一个模型，在仅给出比特币的先前价值的情况下，对比特币价格进行尽可能的解读，那么在对一个时间序列的自回归部分建模方面，也许已经做得相当不错了。但是，通常有很多不同的外部因素会影响到比特币的价格，如美元的价值、其他市场的走势等，也许最重要的是有关比特币的舆论或信息流动，往往都可能在它的价格中发挥重要作用。

　　而这也正是 LSTM 网络用于时间序列预测的力量能够得以真正发挥的地方。通过额外输入特征的添加，所有这些信息都可以轻松地添加到模型中，有望能够对全局画面给出越来越详细的解释。

　　但是，希望再一次粉碎，对性能进行更彻底的研究还应该考虑到模型相对于某些简单模型的改进。这个简单模型的通常选择可能包括那些被称为随机游走（random walk）模型、指数平滑（exponential smoothing）模型，或者可能通过使用原始方法，例如使用前一时间步序作为当前时间步序的预测，如图 9-7 所示。

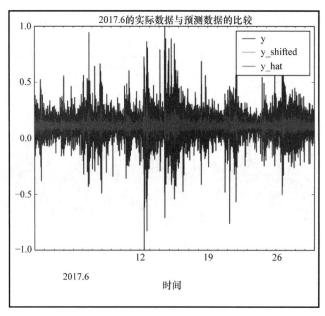

图 9-7

在图 9-7 中，将以红色表示的预测与以绿色表示的另一个模型进行比较，该模型仅使用前一分钟的结果作为下一分钟的预测。蓝色表示实际的价格，那个简单的模型几乎与其完美吻合。该 LSTM 网络预测不如简单模型表现得那么好，似乎只需使用最后一分钟的价格来预测当前时间的价格就会做得更好。因此，虽然作者坚持认为正走在正确的轨道上，但仍然还有很长的路要走。

对任何一种商品进行建模都是非常困难的。对于这类问题，使用深度神经网络无疑是有希望的，但也并不容易。在此，之所以给出了这些解释，是希望读者看到如果决定沿着这条道路前进，将会遇到怎样的情形。

## 9.4　小结

本章讨论了使用递归神经网络来预测序列中的下一个元素。在对 RNN 网络进行整体介绍的基础上，详细介绍了 LSTM 网络，本章的终点在于使用 LSTM 网络来进行时间序列的预测。为了确保对使用 LSTM 网络进行时间序列的好处和挑战进行充分的了解，还简要回顾了时间序列分析的一些基础知识。此外，也花了一些时间对传统的时间序列模型进行了讨论，包括 ARIMA 和 ARIMAX。

最后，讨论了一个具有挑战性的实例，使用 LSTM 网络来预测比特币的价格。

下一章将继续使用 RNN 网络，并将重点放在自然语言处理任务上，同时还将引入嵌入层的概念。

# 第 10 章
# 从头开始训练具有单词嵌入的 LSTM 网络

到目前为止，已经看到了在结构化数据、图像数据，甚至时间序列数据中应用深度学习的例子。将自然语言处理（Natural Language Processing，NLP）作为下一个学习目标似乎是唯一正确的选择。机器学习和人类语言之间的联系是一项令人着迷的工作。与计算机视觉一样，深度学习已经成倍地加快了这个领域的发展速度。首先简要概述一下 NLP 以及将在本章中讨论的一些任务。

本章将介绍以下主题：

1）自然语言处理简介；

2）矢量化文本；

3）单词嵌入；

4）Keras 嵌入层；

5）用于自然语言处理的 1D CNN；

6）文档分类的案例研究。

## 10.1 自然语言处理简介

NLP 领域庞大而复杂。从技术上来看，人类语言和计算机科学之间的任何互动都可能属于这一领域。因此，为了便于讨论，在此将 NLP 限制在人类语言分析、理解，有时甚至是人类语言的生成上。

在计算机科学的早期阶段，人们就被 NLP 迷住了，因为它是强大的人工智能的门户。1950 年，Alan Turing 提出了图灵测试，该测试包含了一台模仿人类的计算机。该计算机的模仿非常完美，以至于他人都无法区分，并以此作为机器智能的衡量标准。从那以后，科学家们一直致力于帮助机器理解人类语言的聪明方法的搜寻。在此过程中，他们开发了语音到文本的转录、人类语言之间的自动翻译、文档的自动综合、主题建模、命名实体识别以及各种其他应用场景实例。

随着对 NLP 理解的不断增长，可以发现 AI 在日常生活中的应用变得越来越普遍。聊天机器人已成为客户服务应用程序的常见形式，最近，它们已成为人们的个人数字助理。在写这篇文章时，作者可以让 Alexa 在购物清单中添加一些东西或者播放一些流畅的爵士乐。自然语言处理以非常有趣和有效的方式将人类与计算机连接在一起。

本章将重点关注人类语言的理解，然后使用这种理解进行分类。将实际介绍两个分类案例研究，一个涵盖语义分析，另一个涵盖文档分类。这两个案例研究都为深度学习的应用提供了很好的机会，而且它们非常相似。

## 10.1.1 语义分析

语义分析在技术上是对语言意义的分析，但通常在说到语义分析时，指的是对作者感受的理解。语义分类器通常试图将某些话语分类为正面、负面、快乐、悲伤、中性的等。

作者喜欢的人类语言特征之一是讽刺，这也使得对这种特征的识别成为一个具有挑战性的问题。人类语言中有许多微妙的模式，这对计算机的学习来说是非常具有挑战性的。但挑战并不意味着不可能，如果能给定一个好的数据集，那么这项任务是非常有可能完成的。

这类问题的成功需要一个好的数据集。尽管可以在互联网上找到大量的人类对话，但大多数对话都是没有标记的，并且具有标记的对话将更具挑战性。解决这个问题的早期尝试是进行带有表情符号的推特数据的收集。如果一个推文包含一个符号：)，则它将被认为是一个积极的推文。这成为了引用自 Jimmy Lin 和 Alek Kolcz 撰写的《在推特上进行的大规模机器学习》(*Large-Scale Machine Learning at Twitter*)的有名的表情技巧。

大多数商业应用的这种分类器都是二元分类器，可以试图使用它来预测受试者是否高兴。然而，语言模型肯定不会仅限于这一种。如果具有与声调有关的标记，那么就可以对说话的语气进行建模，甚至可以通过一个人的声音或语言来尝试评估其焦虑或痛苦的程度。但是，涉及音频输入的问题已超出了本章的范围。

挖掘数据的进一步尝试包括使用与正面和负面的电影评论相关的语言以及与在线购物产品评论相关的语言，这些都是很好的方法。但是，在使用这些类型的数据源对来自不同领域的文本进行分类时应特别小心。正如您可能已经想象到的那样，电影评论或在线购物中使用的语言可能与 IT 业服务台的客户支持电话中使用的语言非常不同。

当然，可以分类的不仅仅是情绪，后续的内容中将讨论文档分类更一般的应用。

## 10.1.2 文档分类

文档分类与情绪分析是密切相关的。在这两种情况下，都会使用它们的文本来进行文档分类，因为这是它们发生改变的唯一原因。文档分类就是基于文档类型来对其进行分类。最常见的文档分类系统是垃圾邮件过滤器，但它还有许多其他的用途。

作者最喜欢的文档分类的一个应用，就是用来解决关于《联邦论》(*The Federalist Papers*)原作者的争论。Alexander Hamilton、James Madison、John Jay 在 1787 年和 1788 年以笔名 Publius 发表了 85 篇短文，支持美国宪法的批准。后来，Hamilton 在 1804 年与 Aaron Burr 进行"决斗"之前提供了一份清单，详细说明了每篇论文的作者。Madison 在 1818 年又提供了一份他自己的名单，这引起了一场关于作者身份的争论，学者们也一直试图来解决这个问题。虽然大多数人都同意有争议的作品属于 Madison，但仍有一些理论将此归为两者共同合作完成。将这 12 个有争议的文档分类为 Madison 或 Hamilton 一直是许多数据科学博客的素材。最正式的是 Glenn Fung 的论文《有争议的联邦论：通过凹的最小化进行的 SVM 特征选择》(*The Disputed Federalist Papers: SVM Feature Selection via Concave Minimization*)，这篇论文以非常严谨的方式对这个主题进行了介绍。

文档分类的最后一个例子可能是关于文档内容和其所规定的行动的理解。假设有一个分类器，它可以读取某些有关司法案件的信息，例如申诉/控告和传唤等，然后向被告提出建议。我们想象中的系统可能会说，根据对其他案例的经验，您可能想要和解。

情感分析和文档分类是基于计算机的自然语言理解能力的强大技术。但是，这也自然引出了一个问题，那就是如何教电脑进行阅读呢？

## 10.2 文本的矢量化

机器学习模型包括深度神经网络，均以数字信息作为输入，并产生数字的输出。这将使得单词到数字的转换自然地成为自然语言处理的挑战。

可以通过多种方式将单词转换为数字，但所有这些方法都具有一个相同的目标，即将一些单词序列转换为数字向量。其中，有些方法的效果要优于其他方法，因为有些时候，当进行这种转换时，可能会在翻译过程中丢失一些含义。

### 10.2.1 NLP 术语

首先来定义一些常用的术语，以便消除它们可能导致的任何歧义。既然读者可以阅读，那么可能已经对这些术语有所了解。这些术语与我们接下来要讨论的模型有关：

1）单词：它是我们将使用的大多数系统的原子元素。虽然一些字符级的模型也的确存在，但在此将不会对它们进行讨论。

2）句子：对一个陈述、问题等进行表达的单词的集合。

3）文档：文档是句子的集合。它可能仅有一个句子，但更多的情况下，它是含有多个句子的。

4）语料库：文档集合。

### 10.2.2 Bag of Word 模型

Bag of Word（BoW）模型其实是一个忽略了句子结构和单词位置的 NLP 模型。在 Bag of Word 模型中，将每个文档视为一个单词包，这很容易想象。每个文档都是一个容纳了大量单词的容器，在那里忽略了文档的句子和结构，以及哪些词在先，哪些词在后。现在关注的是这样一个事实，即文档中包含了"非常""好"和"坏"这样的字词，但并不关心"非常"是在"好"的前面，还是在"坏"的前面。

Bag of Word 模型很简单，需要的数据相对较少。相对于模型的简单性来说，其工作效果非常好。

 注意，在这里使用模型一词是代表呈现方式的意思，并不是指特定意义上的深度学习模型或机器学习模型。相反，此上下文中的模型指的是文本的呈现方式。

在给定了一些由一系列单词组成的文档时，需要定义一个策略来将单词转换为数字。稍后会看到几个这种转换策略，但首先需要简要介绍一下词干化、词形归并和停止词的概念。

### 10.2.3 词干化、词形归并和停止词

词干化和词形归并是两种不同但非常相似的技术，它们试图将每个单词归并为其基本形式，以使语言模型得到简化。例如，如果要防止出现各种形式的"cat"，则应按以下示例对其进行转换：

cat, cats, cat's, cats' -> cat

词形归并和词干化之间的区别就在于如何进行这种转换。词干化是通过算法完成的，当应用于同一单词的多种形式时，所提取的词根在大多数时间都应该是相同的。这个概念可以与词形归并形成对比，词形归并使用一个具有已知基本词汇的词汇表，并考虑词的用法。

 词干化通常比词形归并要快得多。Porter stemmer 在许多情况下都能很好地工作，因此用户可将其作为词干化的安全首选。

停用词是在语言中使用频率很高但又基本不具有语义含义的词，其典型的例子是 the，在上一句话中就使用了三次，但它实际上只有一次是有意义的。通常我们会删除停用词，以使输入更稀疏。

大多数 BoW 模型都会受益于词干化、词形归并和停用词删除。有时，将很快讨论到的单词嵌入模型也会受益于词干化或词形归并，但单词嵌入模型通常不会从单词删除中得到收益。

### 10.2.4 计数和 TF-IDF 矢量化

计数矢量化和术语频率 - 逆文档频率（Term Frequency-Inverse Document Frequency，TF-IDF）是两种不同的策略，它们将一袋单词转换为适合输入到机器学习算法的特征向量。

计数矢量化获取单词集并为其创建一个向量，其中每个元素代表语料库词汇表中的一个单词。一般情况下，一组文档中代表性单词的数量可能非常大，同时许多文档还可能不含有语料库中存在单词的任何实例。在这种情况下，使用稀疏矩阵来表示这些类型的单词向量通常是非常明智的。当一个单词出现一次或多次时，计数矢量化器将简单地计算该单词在文档中出现的次数，并将该计数值放在表示该单词的位置上。

使用计数矢量化器，整个语料库可以表示为一个二维矩阵，其中每一行是一个文档，每一列是一个单词，然后每个元素是文档中该单词的计数值。

在继续进行之前，先看一个简单的例子。假设有一个语料库，包含了以下两个文档：

```
docA = "the cat sat on my face"
docB = "the dog sat on my bed"
```

语料库词汇为

{'bed', 'cat', 'dog', 'face', 'my', 'on', 'sat', 'the'}

因此，如果要为此语料库创建一个计数嵌入，则它将为如下所示的矩阵：

|  | bed | cat | dog | face | my | on | sat | the |
|---|---|---|---|---|---|---|---|---|
| doc 0 | 0 | 1 | 0 | 1 | 1 | 1 | 1 | 1 |
| doc 1 | 1 | 0 | 1 | 0 | 1 | 1 | 1 | 1 |

这是一个计数矢量化的例子，也是工具箱中一种最简单的矢量化技术。

计数矢量化的问题在于使用了许多根本没有太多意义的词。事实上，英语中最常用的单词 the 占通常所说单词总数的比例为 7%，这是第二最常用词 of 使用频率的两倍。语言中的单词分布是幂律分布的，这也是 Zipf 定律的基础。如果仅按单词的使用次数来构建文档矩阵，最终得到的数字则包含不了太多信息，除非目标是要查看哪个文档使用 the 的次数最多。

更好的策略是根据其在文档中的相对重要性对单词进行加权。为此，可以使用一种被称作 TF-IDF 的策略。

一个单词的 TF-IDF 得分为

$$score=tf(w)*idf(w)$$

在这个公式中，

$$tf(w)= 单词 w 在文档中出现的次数 / 文档中的单词总数$$

并且有

$$idf(w)=log（文档的数量 / 含有单词 w 的文档的数量）$$

对于上述的文档和语料库，如果要为其计算 TF-IDF 矩阵，则所得到的结果如下所示：

|  | bed | cat | dog | face | my | on | sat | the |
|---|---|---|---|---|---|---|---|---|
| doc 0 | 0 | 0.116 | 0 | 0.116 | 0 | 0 | 0 | 0 |
| doc 1 | 0.116 | 0 | 0.116 | 0 | 0 | 0 | 0 | 0 |

正如可能已经注意到的那样，通过按照术语频率 * 逆文档频率对单词进行加权，已经删除了在所有文档中均有出现的单词，同时还对那些与其他文档不同的单词进行了放大。结果，文档 0 仅剩下关于 cat 和 face 的信息，而文档 1 仅剩下关于 dog 和 bed 的信息。这样的结果正是许多分类器所需要的。

## 10.3　单词嵌入

需要注意的是，Bag of Word 模型有几个不太理想的特性。

我们之前看过的 Bag of Word 模型的第一个问题是它们没有考虑单词所处的上下文，模型没有真正考虑文档中单词之间存在的关系。

第二个相关的问题是向量空间中单词的分配有些随意，不能捕获语料库词汇表中两个单词之间可能存在的有关联关系的信息。例如，一个已经学会处理"短吻鳄"这个词的模型，在遇到"鳄鱼"这个词时，对于之前的学习它能够利用的知识却很少，即使短吻鳄和鳄鱼是两种有些相似的生物，并且它们有许多共同的特征（引自爬虫学家的邮件）。

最后，因为语料库的词汇量可能非常大，并且所有的词不会在所有的文档中都有出现，所以 BoW 模型往往会产生一个非常稀疏的向量。

单词嵌入模型通过对每一个单词向量的学习来解决这些问题，其中语义相似的单词被映射到（嵌入）附近的点。此外，还将在比 BoW 模型小很多的向量空间中进行整个词汇表的表示，以减少向量的规模，从而提供一个更小、更密集的向量，以捕获单词的语义值。

在实际的文档分类问题和语义分析问题中，单词嵌入模型通常比 Bag of Word 模型具有相当大的改进，因为单词嵌入模型具有可以保留单词相对于语料库中其他单词的语义值的能力。

## 10.3.1　一个简单的例子

对于一个单词嵌入的新手来说，现在可能会感到有一些迷茫，但暂且不用在意这个问题，稍后就会发现开始变得清晰了。先来看一个具体的例子。

使用 word2vec 这个流行的单词嵌入模型，可以从单词 cat 开始，找到它的 384 个元素的向量，如下面的输出代码所示：

```
array([ 5.81600726e-01, 3.07168198e+00, 3.73339128e+00,
 2.83814788e-01, 2.79787600e-01, 2.29124355e+00,
 -2.14855480e+00, -1.22236431e+00, 2.20581269e+00,
 1.81546474e+00, 2.06929898e+00, -2.71712840e-01,...
```

在此没有将所有的输出列全，但读者可能已经明白了它的思想。此模型中的每个单词都被转换为一个具有 384 个元素的向量，因此，可以通过这些向量的比较，来评估数据集中单词的语义相似度。

现在有一个关于单词 cat 的矢量，将计算单词 dog 和 lizard 的矢量。作者认为，与单词 lizard 相比，单词 cat 与 dog 要更相近一些。首先应该测量单词 cat 的矢量与单词 dog 的矢量之间的距离，然后再测量单词 cat 的矢量与单词 lizard 的矢量之间的距离。虽然有许多方法可以进行矢量之间距离的测量，但余弦相似度可能是最常用于单词矢量的。在下表中，将比较单词 cat 的矢量与单词 dog 的矢量、单词 lizard 的矢量之间的余弦相似度：

|  | dog | lizard |
|---|---|---|
| cat | 0.74 | 0.63 |

正如所料，在此向量空间中，与单词 lizard 的矢量相比，单词 cat 的矢量更接近于单词 dog 的矢量。

## 10.3.2　通过预测进行的单词嵌入学习

单词嵌入可以通过使用为特定任务构建的神经网络来计算，在此将对这种神经网络进行一个概括性的介绍。一旦计算出了某些语料库的单词嵌入，它们就可以很容易地重复用于其他应用程序，这使得该技术也能够用于迁移学习，成为一种类似于在第 8 章中所看到的技术。

当完成了这种单词嵌入神经网络的训练时,网络的单个隐藏层的权重将成为单词嵌入的查找表。对于词汇表中的每个单词,将学到一个该单词的向量。

该隐藏层将包含比输入空间更少的神经元,迫使网络来学习输入层中所存在的信息的压缩形式。这种体系结构非常类似于自动编码器。然而,该技术是围绕着这样一项任务的,即有助于网络在向量空间中学习每个单词的语义值。

将用于训练嵌入网络的任务是预测某些目标词出现在距离训练词的距离窗口内的概率。例如,如果考拉(koala)是输入词,而有袋动物(marsupial)是目标词,那么就需要知道这两个词彼此接近的概率。

此任务的输入层将是词汇表中每个单词的一个 one hot 编码向量,其输出层则是相同规模的 softmax 层,如图 10-1 所示。

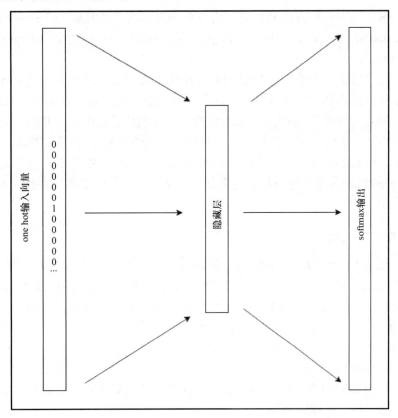

图 10-1

该网络将产生一个具有构形为 [ 词汇表中单词的数量 × 神经元数量 ] 的隐藏层权重矩阵。例如,如果该语料库中有 20000 个独立的单词,隐藏层中有 300 个神经元,则隐藏层权重矩阵将是 20000 × 300 的。一旦将这些权重保存到磁盘,就得到了一个具有 300 个元素的向量组,可以用来对每个单词进行表示。然后,在训练其他模型时,这些向量也可用于单词的表示。

显然，一个单词嵌入网络的训练要比这里介绍的要复杂得多，在此作者有意做了过度的简化，以保持快速参考的风格。

 如果想了解更多的内容，建议您先阅读 Mikolov 等人的论文《词汇和短语的分布式表示及其语义合成》（*Distributed Representations of Words and Phrases and their Compositionality*）。该论文介绍了一种创建单词嵌入的流行方法，被称为word2vec。

### 10.3.3　通过计数进行的单词嵌入学习

学习单词嵌入的另一种方法是计数。用于单词表示的全局向量（The Global Vectors for Word Representation，GloVe）是由 Pennington 等人创建的一种算法（https://nlp.stanford.edu/projects/glove/）。

GloVe 是通过创建一个非常大的单词共存矩阵来工作的。对于某些语料库，这基本上是发生两个单词彼此相邻次数的计数。算法作者通过单词的接近程度对此计数值进行加权，单词的紧密程度会对每个计数产生更大的影响。一旦创建了这个共存矩阵，它就会被分解成一个更小的空间，从而得到一个矩阵，其规模为单词的数量 × 特征的数量。

有趣的是，word2vec 和 GloVe 的结果非常相似，且可以互换使用。由斯坦福大学发布的从 60 亿单词的数据集预建的 GloVe 向量是一个常用的单词向量源，并且在本章后面也将使用 GloVe 向量。

### 10.3.4　从单词到文档

请注意这里还有一个问题没有解决：单词嵌入模型为每个单词创建一个向量，相比之下，BoW 模型为每个文档创建一个向量。那么，如何使用单词嵌入模型进行文档分类呢？

一种简单的方法可能是通过文档中所有单词的矢量来进行均值的计算，可能可以将此值解释为文档的平均语义值。在实践中，该解决方案经常被采用，并且可以给出良好的结果。但是，该方法并不总是优于 BoW 嵌入模型的。对于"狗咬人（dog bites man）"和"人咬狗（man bites dog）"，就是两个非常不同的陈述。但是，如果对它们的单词向量作平均计算，则它们将具有相同的值。这将导致会采用其他一些策略来设计文档的特征，例如使用每个向量的均值、最大值和最小值等。

Le 和 Mikolov（https://arxiv.org/abs/1405.4053）在论文《语句和文档的分布式表示》（*Distributed Representations of Sentences and Documents*）中提出了一种从单词到文档的更好的想法，该想法也是建立在 word2vec 的基础上的。在文中，一个段落标识符被添加到用于学习单词向量的神经网络的输入中，该神经网络在前面已经介绍过。一段文本中的单词和文档 ID 一起使用，可以使网络学会不同长度的文档在同一个向量空间中的嵌入。这种技术被称为 doc2vec，可以很好地用作主题建模技术，也可以为模型创建输入函数。

最近，许多深度学习平台架构都包含了嵌入层的概念。嵌入层允许用户进行嵌入空间的学习，以作为网络执行的整体任务的一部分。当使用深度神经网络时，嵌入层可能是文本矢量化的最佳选择。接下来，来看看嵌入层的结构。

## 10.4　Keras 嵌入层

在进行模型训练过程中，Keras 嵌入层允许用户学习输入单词的向量空间表示，就像在 word2vec 中所做的那样。在 API 函数中，Keras 嵌入层始终是网络中的第二层，位于输入层之后。

嵌入层需要以下三个参数：

1）input_dim：语料库词汇表的大小。

2）output_dim：想要学习的向量空间的大小。这将对应于 word2vec 隐藏层中的神经元数量。

3）input_length：将在每次观察中使用的文本中的单词数。在下面的示例中，将使用基于需要发送的最长文本的固定大小，对于较小的文档将使用 0 来进行填充。

嵌入层将为每个输入文档输出一个 2D 矩阵，其中包含 input_length 所指定的序列中每个单词的一个向量。

例如，可能有一个嵌入层，如下所示：

```
Embedding(input_dim=10000, output_dim=128, input_length=10)
```

在这种情况下，该层的输出将是一个构形为 $10 \times 128$ 的 2D 矩阵，其中每个文档的 10 个单词将具有与其相关的 128 个元素的向量。

像这样的单词序列是 LSTM 网络的最佳输入。LSTM 网络层可以紧跟在嵌入层之后。可以将嵌入层的这 10 行输出视为 LSTM 网络的输入序列，就像在第 9 章中所做的那样。本章的第一个例子中将使用 LSTM 网络，因此，假如读者在没有阅读第 9 章从头开始训练 RNN 网络的情况下直接读到这里，那么可能需要花点时间来了解一下 LSTM 网络的操作，相关的内容可以在那里找到。

如果要将嵌入层直接连接到隐藏层，那么需要对其进行展平，但也许用户并不希望这么做。因此，如果有一个有序的文本，则使用 LSTM 网络通常是一个更好的选择。尽管如此，也还是有另一个有趣的可选方案，应该对其加以研究。

## 10.5　用于自然语言处理的 1D CNN

早在第 7 章就使用了卷积方法，采用一个在图像区域上滑动的窗口来学习复杂的视觉特征。无论图片中的特征位于何处，这种方法都能够使用户学习到重要的局部视觉特征。随着网络的深入，进而分层次地学习到越来越复杂的特征。在 2D 或 3D 图像上，通常使用 $3 \times 3$ 或 $5 \times 5$ 的滤镜。如果读者对卷积层及其工作原理的理解感到生疏，则可能需要查看第 7 章的相关内容。

事实证明，也可以将该策略应用在一个单词系列上。此时，该 2D 矩阵来自嵌入层的输出，矩阵的一行代表着一个单词，该行中的所有元素构成了单词的向量。继续前面的例子，将有一个 10×128 的矩阵，其中的行共有 10 个单词，每个单词由 128 个元素向量空间来表示。当然可以在这些单词上使用滑动滤镜。

对于 NLP 问题，卷积滤镜的尺寸有一些不同。当构建网络来解决 NLP 问题时，滤镜的宽度将与单词向量相同。滤镜的高度可以变化，典型范围在 2~5 之间。高度为 5 意味着一次将 5 个单词滑过滤镜。

事实证明，对于许多 NLP 问题，CNN 网络表现得很好，并且它们比 LSTM 网络要快得多。关于何时使用 RNN 网络 /LSTM 网络以及何时使用 CNN 网络，很难给出一个确切的规则。一般来说，如果用户的问题需要一个状态，或者从序列中很早前的地方学习一些东西，那么使用一个 LSTM 网络可能会更好。如果用户的问题需要检测描述文本的特定单词集，或者需要检测文档的语义情感，那么 CNN 网络可能会更快地解决该问题，并且其表现也许更好。

## 10.6　文档分类的案例研究

由于之前提出了两种可行的文档分类备选方案，因此本章将包含两个独立的文档分类示例。两者都将使用嵌入层，一个将使用 LSTM 网络，另一个将使用 CNN。

接下来还将比较嵌入层学习和使用迁移学习方法（从别人的权重开始）之间的性能。

这两个示例的代码可以在本书的 GitHub 库的 Chapter10 文件夹中找到。一些数据和 GloVe 向量需要分别进行下载，在代码的注释中均给出了相关的提示和说明。

### 10.6.1　使用 Keras 嵌入层和 LSTM 网络进行情感分析

本章的第一个案例研究将进行情绪分析。在这个例子中，将应用本章中学到的大部分内容。

接下来将使用内置于 Keras 的互联网电影数据库（Internet Movie DataBase，IMDB）中的数据集，该数据集包含了 25000 个电影评论，每个评论都具有情绪标记。正面评论标记为 1，负面评论标记为 0。数据集中的每个单词都已替换为能够对其进行识别的整数。按照每个评论中单词所对应的整数值，每个评论都被编码为一个系列。

本例的目标是仅使用评论中的文本将电影评论分类为正面评论或负面评论。

#### 1. 数据准备

因为使用的是内置数据集，所以 Keras 负责处理用户需要做的大量工作，包括标记、词干化、停止词以及将单词标记转换为数字标记。keras.datasets.imbd 将提供一系列的数据表，每个数据表包含一个可变长度的整数序列，代表着评论中的单词。使用以下代码来定义我们的数据：

```
def load_data(vocab_size):
    data = dict()
    data["vocab_size"] = vocab_size
    (data["X_train"], data["y_train"]), (data["X_test"], data["y_test"]) =
    imdb.load_data(num_words=vocab_size)
    return data
```

可以通过调用 load_data 来进行数据的加载，并为词汇表选择一个最大的尺寸值。对于本例来说，将使用 20000 个单词作为词汇表的尺寸。

如果需要手动执行此步骤的操作，以使示例代码更适用于用户自己的问题，那么可以使用 keras.preprocessing.text.Tokenizer 类来进行，下一个示例中将对其加以介绍。在此，使用以下代码进行数据的加载：

```
data = load_data(20000)
```

下一步是希望每个序列的长度都相同，从而使这些数据表构成一个 2D 的矩阵。其中，每个评论都是矩阵的一行，矩阵的每列都是评论中的一个单词。为了使每个数据表具有相同的大小，将使用 0 来对较短的序列进行填充。随后将使用的 LSTM 网络将学会对这些填充的 0 进行忽略，这当然非常方便。

这种填充操作相当常见，因此，该操作也被内置于 Keras 中。可以使用 keras.preprocessing.sequence.pad_sequences 来完成此任务。所使用的代码如下：

```
def pad_sequences(data):
    data["X_train"] = sequence.pad_sequences(data["X_train"])
    data["sequence_length"] = data["X_train"].shape[1]
    data["X_test"] = sequence.pad_sequences(data["X_test"],
maxlen=data["sequence_length"])
    return data
```

调用此函数会将一系列的数据表转换为一系列相等长度的序列，从而方便地将这些序列转换为一个 2D 矩阵。其代码如下所示：

```
data = pad_sequences(data)
```

**2. 输入层和嵌入层的体系结构**

上一章中训练了一个 LSTM 网络，它具有一系列时间序列的时滞。这里的时滞实际上是序列中的单词，下面将使用这些单词来预测评论者的情绪。为了从一个单词序列得到一个考虑这些单词的语义值的输入向量，可以使用嵌入层。

使用 Keras 的 API 函数时，嵌入层始终是网络中的第二层，紧随在输入层之后。下面看看这两层是如何组合在一起的：

```
input = Input(shape=(sequence_length,), name="Input")
embedding = Embedding(input_dim=vocab_size, output_dim=embedding_dim,
                      input_length=sequence_length,
name="embedding")(input)
```

该输入层需要知道单词序列的长度，在此，它对应于输入矩阵中的列数。

嵌入层将使用输入层的输出作为其输入，但是，它需要知道整体语料库中的单词数量，即将这些单词嵌入其中的向量空间的大小。此外，它还需要知道单词序列的长度。

此例中定义了一个 20000 单词的词汇表，数据的序列长度为 2494，并且还指定了 100 的嵌入维度。

综上所述，嵌入层将以一个具有 20000 个元素的 one hot 向量作为输入，产生一个 2494 × 100 的 2D 矩阵作为其输出。该输出将为每个文档生成一个嵌入向量空间，以实现序列中每个单词的嵌入操作。随着模型的学习，嵌入层也将在该学习过程中进行学习，这也是很奇妙的。

### 3. LSTM 网络层

在此将仅使用一个 LSTM 网络层，该层只有 10 个神经元，如下面的代码所示：

```
lstm1 = LSTM(10, activation='tanh', return_sequences=False,
             dropout=0.2, recurrent_dropout=0.2, name='lstm1')(embedding)
```

为什么要使用这么小的 LSTM 网络层呢？就像将看到的那样，这个模型将会出现过度拟合。即使只有 10 个 LSTM 网络单元，也可能对训练数据进行了过度学习。这个问题的解决可能需要增加更多的训练数据，但无法做到，所以保持网络结构的简单是一个好主意。

同时，这也会导致 dropout 的使用，此层上将同时使用 dropout 和 recurrent dropout。此前还没有谈到过 recurrent dropout，所以在此加以介绍。以这种方式应用于 LSTM 网络层的常规的 dropout，将随机屏蔽 LSTM 网络的输入。recurrent dropout 在一个 LSTM 网络单元 / 神经元中未展开的细胞之间随机地进行记忆的打开和关闭。与往常一样，dropout 是一个超参数，需要对其进行最佳值的搜索。

因为该输入是基于文档的，并且没有任何上下文信息，所以，此时的文档之间是非常适合 stateless LSTM 网络的使用的，这一点需要牢记。

### 4. 输出层

本例要预测的是一个二元的目标。和以前一样，可以使用一个具有单个 sigmoid 神经元的 dense 层来完成此二元分类任务：

```
output = Dense(1, activation='sigmoid', name='sigmoid')(lstm1)
```

### 5. 网络层的连接

至此已经对网络的各个部分进行了了解，现在来看看它的整体结构。整体的网络结构由以下代码给出：

```
def build_network(vocab_size, embedding_dim, sequence_length):
    input = Input(shape=(sequence_length,), name="Input")
    embedding = Embedding(input_dim=vocab_size,
        output_dim=embedding_dim, input_length=sequence_length,
        name="embedding")(input)
    lstm1 = LSTM(10, activation='tanh', return_sequences=False,
        dropout=0.2, recurrent_dropout=0.2, name='lstm1')(embedding)
    output = Dense(1, activation='sigmoid', name='sigmoid')(lstm1)
    model = Model(inputs=input, outputs=output)
    model.compile(optimizer='adam', loss='binary_crossentropy',
metrics=['accuracy'])
    return model
```

正如其他二元分类任务一样，在此也可以使用二元交叉熵。请注意，因为将 LSTM 网络层连接到 dense 层，所以我们需要将 return_sequences 设置为 false，正如在第 9 章中所讨论的那样。

为了使这一部分代码可重用，在此使词汇表的大小、嵌入维度和序列长度均为可配置的。如果用户需要进行超参数搜索，可能还希望 dropout，recurrent_dropout 和 LSTM 网络神经元的数量也是参数化的。

### 6. 网络训练

至此，情绪分析网络的构建已经完成，现在可以对其进行训练了：

```
data = load_data(20000)
data = pad_sequences(data)
model = build_network(vocab_size=data["vocab_size"],
                      embedding_dim=100,
                      sequence_length=data["sequence_length"])

callbacks = create_callbacks("sentiment")

model.fit(x=data["X_train"], y=data["y_train"],
          batch_size=32,
          epochs=10,
          validation_data=(data["X_test"], data["y_test"]),
          callbacks=callbacks)
```

在此，将所有的训练参数和数据均保存在如上所示的同一个字典中，这只是一个风格问题，而不会对功能有任何影响。读者可能更喜欢对每一项内容都分别进行处理，但作者还是喜欢使用字典来处理所有的内容，因为这样做将不用对大的参数列表进行来回传递。

由于使用的是一个 stateless LSTM 网络，因此在每一个训练批量中都要对单元的记忆进行重置。可以在文档之间进行单元格状态的重置，这将不会使训练受到任何影响，因此批量大小的改变实际上会对性能产生影响。在此所使用的观察批量为 32，但是，只要 GPU 内存允许，也可以采用 128 的观察批量，此时所产生的结果与观察批量为 32 时的类似，性能只有略微提高。

### 7. 性能

可以从图 10-2 来观察该网络是如何运行的。查看这些图形时，应密切关注 $y$ 轴上的刻度。虽然波动看起来很戏剧性，但它们其实并不那么大。

在此，首先要注意到的是在第 1 个 epoch 时，网络就有很好的表现了。但在此之后，它迅速开始过度拟合。总的来说，该结果非常好。在第 1 个 epoch 时，对情绪的预测在验证数据集上获得了 86% 的正确率。

虽然本案例研究已涵盖了在本章中讨论过的许多主题，但是还要再看一下另外一个案例。该案例中，在嵌入层将使用一个预先训练过的单词向量，并与上述使用自己训练的单词向量的案例进行比较。

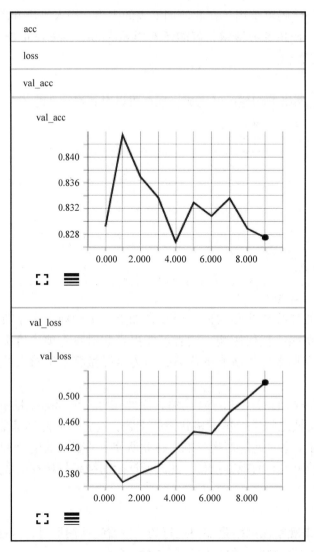

图 10-2

## 10.6.2 使用和不使用 GloVe 的文档分类

在这个例子中将使用一个著名的文本分类问题，被称为 20 新闻组问题（20 newsgroup problem）。在这个问题中，给定了 19997 个文档，每个文档都隶属于一个新闻组。该问题目标是通过文稿中的文本来预测该文本所隶属的新闻组。新闻组是红迪网（Reddit）的前身（但更确切地说，它可能是 Reddit 的曾祖父的曾祖父）。这些新闻组涵盖的主题差异很大，包括政治、宗教和操作系统等，所有这些都应该避免在正式的场合中进行讨论。这些帖子都相当长，语料库中有 174074 个独特的单词。

这次将构建两个版本的模型。在第一个版本中将使用嵌入层，并将进行嵌入空间的学习，就像在前面的例子中所做的那样。在第二个版本中将使用 GloVe 向量作为嵌入层的权重。然后，再对这两种方法进行比较。

最后，在这个例子中将使用 1D CNN 网络，而不是 LSTM 网络。

### 1. 数据准备

使用这样的文本文档时，可能需要很多普通的代码才能完成用户所需要的一系列操作。下面将以这个例子作为一种处理问题的方法，一旦读者理解了这里所进行的操作，便能够在未来的问题中对它们进行重用，以缩短开发时间，所以是值得借鉴的。

以下函数将以 20 个新闻组文本所在的目录作为顶级目录。在该目录中，将有 20 个单独的子目录，每个子目录中都有自己的文件，每个文件都是一个新闻组帖子：

```python
def load_data(text_data_dir, vocab_size, sequence_length,
validation_split=0.2):

data = dict()
data["vocab_size"] = vocab_size
data["sequence_length"] = sequence_length

# second, prepare text samples and their labels
print('Processing text dataset')

texts = []  # list of text samples
labels_index = {}  # dictionary mapping label name to numeric id
labels = []  # list of label ids
for name in sorted(os.listdir(text_data_dir)):
    path = os.path.join(text_data_dir, name)
    if os.path.isdir(path):
        label_id = len(labels_index)
        labels_index[name] = label_id
        for fname in sorted(os.listdir(path)):
            if fname.isdigit():
                fpath = os.path.join(path, fname)
                if sys.version_info < (3,):
                    f = open(fpath)
                else:
                    f = open(fpath, encoding='latin-1')
                t = f.read()
                i = t.find('\n\n')  # skip header
                if 0 < i:
                    t = t[i:]
                texts.append(t)
                f.close()
                labels.append(label_id)
print('Found %s texts.' % len(texts))
data["texts"] = texts
data["labels"] = labels
return data
```

对于每个目录，将其目录名添加到一个字典中，并将其映射为一个数字。该数字会成为需要预测的值，即标签，并将这一系列标签保留在 data["labels"] 中。

    同样地,对于文本,将打开每个文档,对相关的文本进行解析,并对那些关于发布者的信息视为无用信息而加以忽略。然后,将所得到的文本存储在 data["texts"] 中。顺便说一下,对那些能够标识新闻组的头部信息的删除是非常重要的,否则意味着接下来的预测是有作弊嫌疑的。

    最终,得到了一个文本数据表和相应的标签数据表。但是,此时,每个文本还都是一个字符串。接下来需要做的是将这些字符串拆分为单词标记,并将这些标记转换为数字标记编码,然后对这些编码序列进行填充,以使它们具有相同的长度。这几乎就是在前面的例子中所要做的事项。但是,在之前的示例中,数据是预先标记的。使用以下函数来完成上述任务,其代码如下所示:

```python
def tokenize_text(data):
    tokenizer = Tokenizer(num_words=data["vocab_size"])
    tokenizer.fit_on_texts(data["texts"])
    data["tokenizer"] = tokenizer
    sequences = tokenizer.texts_to_sequences(data["texts"])

    word_index = tokenizer.word_index
    print('Found %s unique tokens.' % len(word_index))

    data["X"] = pad_sequences(sequences, maxlen=data["sequence_length"])
    data["y"] = to_categorical(np.asarray(data["labels"]))
    print('Shape of data tensor:', data["X"].shape)
    print('Shape of label tensor:', data["y"].shape)

    # texts and labels aren't needed anymore
    data.pop("texts", None)
    data.pop("labels", None)
    return data
```

    在此,首先对这一系列文本进行了获取,并使用 keras.preprocessing.text.Tokenizer 对其进行标记。其次,对它们进行填充,使其成为等长的序列。最后,将这些数字标签转换为 one_hot 格式,正如在 Keras 的其他多元分类问题中所做的那样。

    到此,差不多已经完成了数据的加载。但是,作为数据加载的最后一步,还需要进行文本和标签的获取,并将它们数据随机划分为 train、validation 和 test 三个数据集,如下面的代码所示。由于没有太多的数据可供使用,因此,在这里对 validation 和 test 数据集的选择就相当吝啬。如果样本太小,则可能无法很好地了解实际的模型性能,所以当用户在做这样的数据集划分时需要小心:

```python
def train_val_test_split(data):

    data["X_train"], X_test_val, data["y_train"],  y_test_val =
train_test_split(data["X"],
data["y"],
test_size=0.2,
random_state=42)
    data["X_val"], data["X_test"], data["y_val"], data["y_test"] =
train_test_split(X_test_val,
```

```
          y_test_val,
          test_size=0.25,
          random_state=42)
               return data
```

**2. 加载预训练的单词向量**

正如刚刚提到的，接下来将使用 Keras 的嵌入层。对于第二个版本的模型，将使用在本章前面介绍过的 GloVe 单词向量来对嵌入层的权重进行初始化。为此，需要从磁盘加载这些权重，并将它们放入到一个合适的 2D 矩阵中，以便用作嵌入层的权重。在此，将对这些操作加以介绍。

当完成了 GloVe 向量的下载时，将在下载文件的解压缩目录中看到有多个文本文件，每个文本文件对应一个单独的维度。然而，在所有情况下，这些向量是使用同一个包含 60 亿个独特单词的语料库来开发的（因此其标题为 GloVe.6B）。在此将使用 glove.6B.100d.txt 文件进行演示。在文件 glove.6B.100d.txt 的内部，其每一行都是一个单一的单词矢量。在该行上将会看到一个单词以及与其关联的一个 100 维的向量。单词和向量的元素均以文本的形式储存，并用空格分隔。

为了使这些数据成为可用状态，首先要从磁盘对其进行加载。然后，将该行的内容按照其原有的组成结构进行拆分，拆分为单词和向量的元素。在完成了这一步后，再将向量转换为一个数组。最后，将该数组作为一个值存入到字典中，并使用相应的单词作为该值的键。以下代码给出了具体的操作过程：

```
def load_word_vectors(glove_dir):
    print('Indexing word vectors.')

    embeddings_index = {}
    f = open(os.path.join(glove_dir, 'glove.6B.100d.txt'),
            encoding='utf8')
    for line in f:
        values = line.split()
        word = values[0]
        coefs = np.asarray(values[1:], dtype='float32')
        embeddings_index[word] = coefs
    f.close()

    print('Found %s word vectors.' % len(embeddings_index))
    return embeddings_index
```

一旦运行了上述代码段，将得到一个名为 embeddings_index 的字典。其中，GloVe 单词为字典的键，单词所对应的向量为字典的值。由于 Keras 嵌入层需要一个 2D 矩阵作为输入，而不是字典，因此还需要使用以下代码实现字典到矩阵的转换：

```
def embedding_index_to_matrix(embeddings_index, vocab_size, embedding_dim,
word_index):
    print('Preparing embedding matrix.')

    # prepare embedding matrix
    num_words = min(vocab_size, len(word_index))
    embedding_matrix = np.zeros((num_words, embedding_dim))
```

```
for word, i in word_index.items():
    if i >= vocab_size:
        continue
    embedding_vector = embeddings_index.get(word)
    if embedding_vector is not None:
        # words not found in embedding index will be all-zeros.
        embedding_matrix[i] = embedding_vector
return embedding_matrix
```

这些数据整理工作可能看起来很麻烦，但是，GloVe 的作者在如何发布这些单词向量方面是用心良苦的。他们希望任何人在使用任何编程语言时都可以使用这些向量。出于这种考虑，文本格式将是非常受欢迎的。此外，如果您是一名实践数据科学家，那么也会对此做法感到非常习惯。

至此已经将单词矢量转换为 2D 矩阵的形式，可以在 Keras 嵌入层中使用它们了。现在，数据准备工作已经完成，可以开始进行网络的构建。

### 3. 输入层和嵌入层的体系结构

这里将做的 API 格式化的方式与前一个示例略有不同，这种略微不同的结构将使嵌入层中的预训练向量的使用会更加容易一些。以下部分将讨论这些结构上的改变。

（1）不使用 GloVe 向量　首先，看一下没有预训练单词向量时的嵌入层代码，此代码应与上一示例中的代码看起来几乎相同：

```
sequence_input = Input(shape=(sequence_length,), dtype='int32')
embedding_layer = Embedding(input_dim=vocab_size,
                output_dim=embedding_dim,
                input_length=sequence_length,
                name="embedding")(sequence_input)
```

（2）使用 GloVe 向量　现在将其与以下含有预训练 GloVe 向量的代码进行比较，该 GloVe 向量被编码在一个 2D 矩阵中。

```
sequence_input = Input(shape=(sequence_length,), dtype='int32')
embedding_layer = Embedding(input_dim=vocab_size,
                    output_dim=embedding_dim,
                    weights=[embedding_matrix],
                    input_length=sequence_length,
                    trainable=False,
                    name="embedding")(sequence_input)
```

在大多数地方，这两段代码看起来都是相同的。后者与前者的主要区别有以下两个：

1）通过语句 weights = [embedding_matrix]，采用之前组装的 GloVe 矩阵来进行嵌入层权重的初始化。

2）还通过语句 trainable = False，将嵌入层设置为不可训练的，以阻止对权重的更新。在第 8 章中构建的 CNN，并对其权重进行了调优。在此，用户可能希望也以类似的方式进行权重的调优，但大多数情况下这是不必要的，也是没有效果的。

### 4. 卷积层

对于一维卷积层，可以使用 keras.layers.Conv1D 来进行。在 Conv1D 层之后，还需要使用 MaxPooling1D 层来进行跟随。如下面的代码所示：

```
x = Conv1D(128, 5, activation='relu')(embedding_layer)
x = MaxPooling1D(5)(x)
x = Conv1D(128, 5, activation='relu')(x)
x = MaxPooling1D(5)(x)
x = Conv1D(128, 5, activation='relu')(x)
x = GlobalMaxPooling1D()(x)
```

对于 Conv1D 层来说，第一个整数型的参数是其单元的数量，第二个则是滤镜的大小。此处的滤镜只有一个维度，因此也称为 1D 卷积。在上述的示例代码中，其窗口大小为 5。

正在使用的 MaxPooling1D 层也将使用大小为 5 的窗口。在 1D 网络的实现中，汇聚层与卷积层采用相同的窗口尺寸。

在最后一个卷积层之后，采用一个 GlobalMaxPooling1D 层。该层为最大汇聚的一种特殊实现，它将以最后一个 Conv1D 层的输出，即一个 [ 批量 $\times 35 \times 128$ ]（[batch $\times 35 \times 128$]）的张量作为输入，并在时间步序将其汇集为一个 [ 批量 $\times 128$ ] 的向量。在一个 NLP 网络中，这种做法很常见，并且与基于图像的卷积网络中所使用的 Flatten（）层的意图类似。该层在卷积层和 Dense 层之间起到桥梁的作用。

**5. 输出层**

此示例中的输出层看起来与任何其他多元分类器相似。在输出层之前也使用了一个 Dense 层，如下面的代码所示：

```
x = Dense(128, activation='relu')(x)
preds = Dense(20, activation='softmax')(x)
```

**6. 层的连接**

和往常一样，这里将给出整个神经网络的结构。需要注意的是，此结构适用于包含 GloVe 向量的模型版本。

```
def build_model(vocab_size, embedding_dim, sequence_length,
embedding_matrix):

    sequence_input = Input(shape=(sequence_length,), dtype='int32')
    embedding_layer = Embedding(input_dim=vocab_size,
                                output_dim=embedding_dim,
                                weights=[embedding_matrix],
                                input_length=sequence_length,
                                trainable=False,
                                name="embedding")(sequence_input)
    x = Conv1D(128, 5, activation='relu')(embedding_layer)
    x = MaxPooling1D(5)(x)
    x = Conv1D(128, 5, activation='relu')(x)
    x = MaxPooling1D(5)(x)
    x = Conv1D(128, 5, activation='relu')(x)
    x = GlobalMaxPooling1D()(x)
    x = Dense(128, activation='relu')(x)
    preds = Dense(20, activation='softmax')(x)
    model = Model(sequence_input, preds)
    model.compile(loss='categorical_crossentropy',
            optimizer='adam',
            metrics=['accuracy'])
    return model
```

在此再次用到了 adam、categorical_crossentropy 和 accuracy。虽然本章介绍了许多新的主题，但是，也有一些内容仍然保持不变。

**7. 训练**

在将所有的代码合并到一起后，只需添加几行代码即可实现模型的训练。如下面的代码所示：

```
glove_dir = os.path.join(BASE_DIR, 'glove.6B')
text_data_dir = os.path.join(BASE_DIR, '20_newsgroup')
embeddings_index = load_word_vectors(glove_dir)

data = load_data(text_data_dir, vocab_size=20000, sequence_length=1000)
data = tokenize_text(data)
data = train_val_test_split(data)
data["embedding_dim"] = 100
data["embedding_matrix"] =
embedding_index_to_matrix(embeddings_index=embeddings_index,
vocab_size=data["vocab_size"],
embedding_dim=data["embedding_dim"],
word_index=data["tokenizer"].word_index)

callbacks = create_callbacks("newsgroups-pretrained")
model = build_model(vocab_size=data["vocab_size"],
                    embedding_dim=data['embedding_dim'],
                    sequence_length=data['sequence_length'],
                    embedding_matrix=data['embedding_matrix'])

model.fit(data["X_train"], data["y_train"],
          batch_size=128,
          epochs=10,
          validation_data=(data["X_val"], data["y_val"]),
          callbacks=callbacks)
```

请注意，在此只进行了 10 个 epoch 的训练。对于该问题来说，不需要花太多的时间就可以将 loss 降至最低。

**8. 性能**

至此也到了一个关键的时刻，下面来看看具体效果究竟如何。更重要的是比较 GloVe 向量与此问题的学习向量。

图 10-3 中，虚线表示的是学习的嵌入层所实现的结果，实线表示的是 GloVe 向量所实现的结果。

采用 GloVe 的预训练网络不仅学得更快，而且在每个 epoch 都表现得更好。总的来说，这两个网络似乎在文档分类任务学习方面做得很好。在第 5 个 epoch 之后，它们都开始出现了过度拟合。但是，采用 GloVe 的模型比不采用 GloVe 的训练网络具有更强的过度拟合抵抗能力。

 作为一般规则，这里建议随时随地、尽可能地使用迁移学习。对于图像和文本分类任务来说，也都是如此。

虽然已经完成了上述示例，但还是建议读者再尝试一下使用 LSTM 网络完成同一问题的情况。因为在使用 LSTM 网络时会发现问题将更加难以解决，并且难以管理过度拟合的问题。

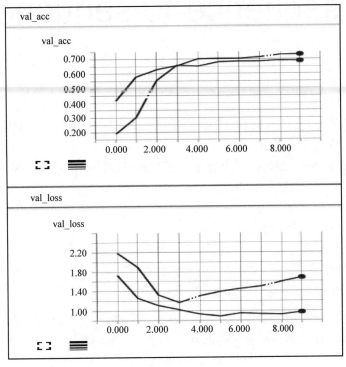

图 10-3

## 10.7　小结

本章学习了一个一般形式的文档分类问题和一个特定情况下的情感分析问题。在学习过程中，介绍了许多 NLP 的主题，包括 Bag of Word 模型、向量空间（Vector Space）模型以及每个模型的相对优点。还学习了使用 LSTM 网络和 1D 卷积网络进行的文本分析。最后，分别对两个文档分类器进行了训练，并将所讨论的所有内容应用到实际示例中。

下一章将讨论一种非常实用的自然语言模型，它允许实际进行单词的生成，称为 sequence-to-sequence 模型。

# 第 11 章
# 训练 sequence-to-sequence 模型

第 10 章讨论了文档分类问题，以及被称为情绪分类的文档分类的特例。在此过程中，还讨论了很多关于矢量化的内容。

本章将继续讨论 NLP 问题的解决方案，但是所讨论的不是分类问题，而是新的单词序列的生成问题。

本章将介绍以下主题：

1）sequence-to-sequence 模型；

2）机器翻译。

## 11.1  sequence-to-sequence 模型

到目前为止所见过的网络的确是实现了一些非常神奇的功能。但它们都有一个非常大的局限，就是只能适用于那些具有固定的和已知大小的输出问题。

sequence-to-sequence 模型能够将输入序列映射到一个具有可变长度的输出序列。

 读者可能还会看到 sequence-to-sequence，甚至是 Seq2Seq 的术语，所有这些术语均指 sequence-to-sequence 模型。

当使用 sequence-to-sequence 模型时，将以一个序列作为输入，以另一个序列作为模型的输出，并以此序列作为输入序列的交换。这些序列的长度不必相同。sequence-to-sequence 模型允许用户学习输入序列和输出序列之间的映射关系。

可以使用 sequence-to-sequence 模型的应用有许多，接下来将讨论这些应用。

### 11.1.1  sequence-to-sequence 模型的应用

sequence-to-sequence 模型具有相当多的实际应用。

最实际的应用也许是机器翻译，可以使用机器翻译将一种语言中的短语作为输入，并以另一种语言输出该短语。机器翻译是现在越来越依赖的重要服务。由于计算机视觉和机器翻译的进步，用户可听到自己不知道的语言，或者看到不认识的语言的标志，并且可以立即在智能手机上进行翻译。sequence-to-sequence 网络的确让人们非常接近于 Douglas Adam 在《星系旅行者指南》（*The Hitchhiker's Guide to the Galaxy*）中所幻想的睿智的巴别鱼。

对提问的应答也可以通过一个 sequence-to-sequence 模型全部或部分完成。用户可以将一个提问想象为一个输入序列，将问题的应答想象为一个输出序列。提问应答的最普遍应用就是聊天系统。如果在维护一个拥有应答中心的企业，则每天都有数千甚至数百万个提问应答对在电话中通过。这将是 sequence-to-sequence 聊天机器人完美的训练数据集。

可以利用这种提问应答的思想，开发出几种差别不大的应用形式。假如用户每天将收到大约 34 亿个电子邮件。其中，可能只需阅读 20~30 个（这是一个分类任务）。但是，对这些电子邮件的回复很少具有新鲜的内容，因此自然可以创建一个 sequence-to-sequence 网络，可以让它为用户编写电子邮件，或者至少起草一个回复邮件。现在已经开始看到这种功能内置于电子邮件程序中了，并且，更加完善的自动应答功能也一定会成为现实。

sequence-to-sequence 网络的另一个重要用途是自动文本综合。假设有一组研究论文或一大堆期刊文章，所有这些文章可能都有一个摘要，而这个摘要也正是另一个翻译问题。在给定某个论文的情况下，可以使用一个 sequence-to-sequence 网络来进行摘要的生成。网络可以以这种方式来学习文档的综合。

在本章的后面将实现一个 sequence-to-sequence 网络来进行机器翻译。在这样做之前，先了解一下这个网络体系结构是如何工作的。

## 11.1.2　sequence-to-sequence 模型的体系结构

理解 sequence-to-sequence 模型体系结构的关键是理解该体系结构的构建是为了允许输入序列的长度与输出序列的长度的改变，进而可以使用整个输入序列来进行可变长度输出序列的预测。

为此，网络分为两个独立的部分，每个部分均由一个或多个 LSTM 网络层组成，负责一半任务的处理。第 9 章曾对 LSTM 网络进行了讨论，以下将对网络的这两个独立部分进行学习。

### 编码器和解码器

sequence-to-sequence 模型由两个独立的部件组成，即编码器和解码器。

1）编码器：模型的编码器部分以模型的输入序列为输入，并返回一个输出和网络的内部状态。对该部分的输出用户其实并不关心，只是想保留编码器的状态，即编码器对输入序列的记忆。

2）解码器：模型的解码器部分将来自编码器的状态（称为上下文或调节）作为其输入，从而在给定前一时间步序输出的情况下，对当前时间步序的目标序列进行预测。

如图 11-1 所示，编码器和解码器协同工作，根据模型的输入序列来生成模型的输出序列。正如所见，这里使用特殊的字符来表示序列的开始和结束。

在序列结束字符出现时，模型将停止输出序列的生成，将此称为一个 <EOS> 的产生。

虽然这个示例介绍的是机器翻译，但是 sequence-to-sequence 学习的其他应用的工作方式与此是完全相同的。

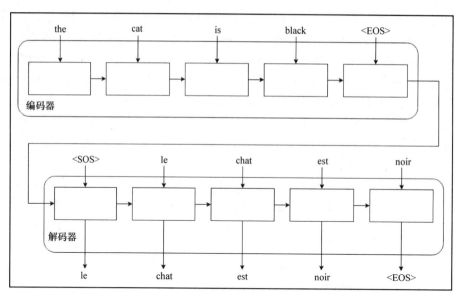

图 11-1

### 11.1.3　字符与单词

sequence-to-sequence 模型可以构建在字符级，也可以构建在单词级。字符级的 se-quence-to-sequence 模型将字符作为其输入的原子单元，单词级 sequence-to-sequence 模型以单词作为其输入的原子单元。

那么，应该使用哪个呢？通常来说，最佳的结果是从单词级模型获得的。也意味着序列中下一个最可能的单词的预测需要一个与问题的词汇表一样宽的 softmax 层。这将使得问题的维度变得非常宽，也非常高。

字符级的模型要小得多。英文字母表一共有 26 个字母，但常用的英文单词大约有 171000 个。

对于在本章提出的问题，将使用一个字符级模型，因为要重视用户的 AWS（Amazon Web Services）预算。如要将其转换为单词级模型也是相当方便的，主要的复杂性存在于数据准备过程中。这项工作留给读者进行练习。

### 11.1.4　Teacher forcing

正如在图 11-1 中所看到的那样，当要对序列中某个位置的输出 $y_{t(n)}$ 进行预测时，使用 $y_{t(n-1)}$ 作为 LSTM 网络的输入。随后，再使用当前时间步序的输出 $y_{t(n)}$ 来预测 $y_{t(n+1)}$。

在训练过程中这么做的问题是，如果 $y_{t(n-1)}$ 是有误差的，则 $y_{t(n)}$ 的误差将更大。这种不断增加的误差链将使训练过程变得非常缓慢。

这个问题的一个明显的解决方案是，在进行每个时间步序的预测时，用该时间步序的实际正确序列来替换前一个时间步序的预测序列。因此，不使用 LSTM 网络的输出来进行 $y_{t(n-1)}$ 的预测，而是使用训练集中给出的实际值来进行。

通过这个概念的使用，可以加速模型的训练过程，而这个概念被称为 teacher forcing。

通过训练过程的观察，发现 teacher forcing 有时会使该模型难以稳健地进行预测序列的生成。但一般来说，这种技术还是有帮助的。

### 11.1.5 Attention

Attention 是另一种有用的训练技巧，可以在 sequence-to-sequence 模型中实现。Attention 让解码器在每一步都能够看到输入序列的隐藏状态。这将使得网络可以专注于（或关注）某一特定的输入，从而加快训练的速度并提高模型的精度。总的来说，Attention 是一个好东西。然而，在本书撰写时，Keras 还没有将其进行内置。Keras 目前发起了一个倡议，以征求用户自定义的 Attention 层，预计 Keras 很快就会将对 Attention 的支持内置在其中。

### 11.1.6 翻译的度量

想知道一个翻译的好坏程度是有一些困难的。机器翻译质量的通用度量标准被称为双语评估替代（Bilingual Evaluation Understudy，BLEU），它最初是由 Papineni 等人在论文《BLEU：一种机器翻译的自动评价方法》（*BLEU: a Method for Automatic Evaluation of Machine Translation*）中创建的（http://aclweb.org/anthology/P/P02/P02-1040.pdf）。BLEU 是一种基于 ngram 的分类精度的改进应用，如果用户想使用 BLEU 来衡量翻译的质量，TensorFlow 团队已经发布了一个脚本，该脚本可以在给定了一个可信的翻译基础语料库的情况下，计算一个机器预测翻译的 BLEU 评分。可以在 https://github.com/tensorflow/nmt/blob/master/nmt/scripts/bleu.py 找到该脚本。

## 11.2 机器翻译

Je ne parle pas français，这是一个法语句子，意思是"我不会说法语"。大约两年前，我在巴黎，几乎是不说法语的。在我去之前，还读过一本书并听了一些 DVD，但即使是经过了几个月的练习，我对法语的掌握也少之又少。然后，在我旅行的第一个早晨，我醒来后走进附近的一个面包店（法式面包店）去吃早餐。我尽力地说了"您好，您会说英语吗？"可是他们一点英语也不会说。无论如何，我的早餐是取决于我对法语的掌握，因此，我以一种从未有过的动力去尝试"Je voudrais un pain au chocolat"，意思是"我想要一块巧克力面包"。就这样，我很快就学会了在英语序列和法语序列之间所进行的映射，这是由最终的成本函数——我的胃所驱动的。

在本案例研究中，我们将教会一台计算机讲法语。通过几个小时的训练，这个模型将比我的法语说得更好。这真是太神奇了，我竟然要训练一台计算机来承担我自己做不到的任务。在此，我会引用著名的美国演员 Adam Sandler 在电影《超龄插班生》（*Billy Madison*）中的那句台词"唉，这对我很难，还是算了吧！"

本示例的主要内容和灵感均来自于 Francois Chollet 撰写的博客文章，其标题为《sequence-to-sequence 学习的十分钟简介》（*A ten-minute introduction to sequence-to-sequence learning*）（https://blog.keras.io/a-ten-minute-introduction-to-sequence-to-sequence-learning-inkeras.html）。虽然我不能确定是否可以改进这项工作，但是我希望通过这个例子，花费 10 多分钟的时间来看一下 sequence-to-sequence 网络，这样用户就可以为自己的实现获得所需的所有理解。

与往常一样，本章的代码可以在本书的 GitHub 库的 Chapter11 中找到。用户可以在 http://www.manythings.org/anki/ 上找到此示例所需的数据，在那里还存档了许多双语句子对的数据集，稍后将对其进行详细讨论。接下来将要使用的文件是 fra-eng.zip，它是一个英语／法语句子对的数据集。如果需要，用户可以随意选择其他的语言，而无须进行太多的修改。

在这个案例研究中，将建立一个网络，它可以在给定一些英语句子的情况下，进行法语句子的学习。这将是一个带有 teacher forcing 的字符级 sequence-to-sequence 模型。

希望最终能实现一个看起来很像翻译服务的东西，用户可以在网上找到它或者下载到您的手机上。

## 11.2.1 了解数据集

正在使用的数据是一个文本文件，每行包含一个英语短语及其法语翻译，并由一个制表符（tab）进行分隔，如下面的代码所示：

```
Ignore Tom. Ignorez Tom.
```

每个英语翻译往往还会有多个法语翻译行。当有多种常用的方法来对相应的英语短语进行翻译时，就会发生这种情况，如下面的代码所给出的例子：

```
Go now.    Va, maintenant.
Go now.    Allez-y maintenant.
Go now.    Vas-y maintenant.
```

由于正在构建的是一个字符级的 sequence-to-sequence 模型，因此需要将数据加载到内存中，然后在字符级上对每个输入和输出进行 one hot 编码。这是该示例中较困难的部分，下面就按此来实现。

## 11.2.2 加载数据

这里的数据加载稍稍有一些复杂，在进行以下的文本阅读时，用户可以参照相应的代码段进行。

下面代码中的第一个 for 循环将对整个输入文件或在调用 load_data（）时指定的一些样本进行循环遍历。之所以这样做是因为用户可能没有足够的 RAM 来实现整个数据集的加载。可能只需 10000 个样本就可以获得一个较好的结果，然而，更多的样本会获得更好的结果。

当逐行遍历输入文件时，每一次循环需要做几件事情：

1）将每个法语翻译封装在一个以 '\t' 开头、以 '\n' 结束的短语中，这对应于在 sequence-to-sequence 模型中使用的 <SOS> 和 <EOS> 标签。当需要生成翻译序列时，这将允许使用 '\t' 作为输入来对解码器进行引导。

2）将每一行的数据拆分成英语输入和相对应的法语翻译，并将它们分别存储在列表 input_texts 和 target_texts 中。

3）最后，将输入文本和目标文本的每个字符都添加到与其对应的集合中，所得到的这些集合分别称为 input_characters 和 target_characters。当对短语进行 one hot 编码时，将会使用到这些集合。

在上述循环完成后，还要将上述字符集合转换为有序列表。并将创建名为 num_encoder_tokens 和 num_decoder_tokens 的变量来保存每个列表的大小。稍后，在进行 one hot 编码时，也需要用到它们。

为了将输入序列和目标序列放到各自的一个矩阵中，还需要将所有短语都填充到最长的短语长度，就像在第 10 章中所做的那样。要做到这一点，需要知道最长短语的长度。在此，分别将它们存储在变量 max_encoder_seq_length 和 max_decoder_seq_length 中，如下面的代码所示：

```python
def load_data(num_samples=50000, start_char='\t', end_char='\n',
data_path='data/fra-eng/fra.txt'):
    input_texts = []
    target_texts = []
    input_characters = set()
    target_characters = set()
    lines = open(data_path, 'r', encoding='utf-8').read().split('\n')
    for line in lines[: min(num_samples, len(lines) - 1)]:
        input_text, target_text = line.split('\t')
        target_text = start_char + target_text + end_char
        input_texts.append(input_text)
        target_texts.append(target_text)
        for char in input_text:
            if char not in input_characters:
                input_characters.add(char)
        for char in target_text:
            if char not in target_characters:
                target_characters.add(char)
input_characters = sorted(list(input_characters))
target_characters = sorted(list(target_characters))
num_encoder_tokens = len(input_characters)
num_decoder_tokens = len(target_characters)
max_encoder_seq_length = max([len(txt) for txt in input_texts])
max_decoder_seq_length = max([len(txt) for txt in target_texts])

print('Number of samples:', len(input_texts))
print('Number of unique input tokens:', num_encoder_tokens)
print('Number of unique output tokens:', num_decoder_tokens)
print('Max sequence length for inputs:', max_encoder_seq_length)
print('Max sequence length for outputs:', max_decoder_seq_length)
return {'input_texts': input_texts, 'target_texts': target_texts,
        'input_chars': input_characters, 'target_chars':
        target_characters, 'num_encoder_tokens': num_encoder_tokens,
        'num_decoder_tokens': num_decoder_tokens,
```

```
        'max_encoder_seq_length': max_encoder_seq_length,
        'max_decoder_seq_length': max_decoder_seq_length}
```

在数据加载完成后，将所有这些信息返回到一个数据字典中，以便将这些数据信息传递给一个将对每个短语进行 one hot 编码的函数。下面将实现这些过程。

### 11.2.3　one hot 编码

在这个函数中，将使用刚刚构建的字典来对每个短语的文本进行 one hot 编码。

一旦完成了这个功能，将得到三个数据字典。其中，每一个数据字典的维度均为 [ 文本的数量 * 最大序列长度 * 标记数量 ] ( [number of texts * max sequence length * tokens] )。回想一下第 10 章，可以发现，这与在其他 NLP 模型输入端完成的任务非常相似。将使用以下代码来定义一个 one hot 编码函数：

```
def one_hot_vectorize(data):
    input_chars = data['input_chars']
    target_chars = data['target_chars']
    input_texts = data['input_texts']
    target_texts = data['target_texts']
    max_encoder_seq_length = data['max_encoder_seq_length']
    max_decoder_seq_length = data['max_decoder_seq_length']
    num_encoder_tokens = data['num_encoder_tokens']
    num_decoder_tokens = data['num_decoder_tokens']

    input_token_index = dict([(char, i) for i, char in
        enumerate(input_chars)])

target_token_index = dict([(char, i) for i, char in
  enumerate(target_chars)])
encoder_input_data = np.zeros((len(input_texts),
  max_encoder_seq_length, num_encoder_tokens), dtype='float32')
decoder_input_data = np.zeros((len(input_texts),
  max_decoder_seq_length, num_decoder_tokens), dtype='float32')
decoder_target_data = np.zeros((len(input_texts),
  max_decoder_seq_length, num_decoder_tokens), dtype='float32')

for i, (input_text, target_text) in enumerate(zip(input_texts,
  target_texts)):
    for t, char in enumerate(input_text):
        encoder_input_data[i, t, input_token_index[char]] = 1.
    for t, char in enumerate(target_text):
# decoder_target_data is ahead of decoder_input_data by one
  timestep
        decoder_input_data[i, t, target_token_index[char]] = 1.
        if t > 0:
        # decoder_target_data will be ahead by one timestep
        # and will not include the start character.
        decoder_target_data[i, t - 1, target_token_index[char]] = 1.
data['input_token_index'] = input_token_index
data['target_token_index'] = target_token_index
data['encoder_input_data'] = encoder_input_data
data['decoder_input_data'] = decoder_input_data
```

```
data['decoder_target_data'] = decoder_target_data
return data
```

在此代码中创建了三个训练向量。在继续进行之前，要确保理解了每个向量：

1）encoder_input_data 是一个 3D 的矩阵，其构形为（number_of_pairs，max_english_sequence_length，number_of_english_characters）。

2）decoder_input_data 也是一个 3D 的矩阵，其构形为（number_of_pairs，max_french_sequence_length，number_of_french_characters）。

3）decoder_output_data 与前移一个时间步序的 decode input data 相同。这意味着 decoder_input_data [ : , t + 1 , : ] 等于 decoder_output_data [ : , t , : ]。

上述的每个向量都是一个完整短语在字符级的 one hot 编码表示。这意味着，如果输入短语是 "Go！"，则向量的第一个步序将为文本中可能出现的每个英语字符包含一个元素。除出现字符 g 的时候将其值设置为 1 以外，这些元素中的每一个都将被设置为 0。

我们的目标是采用 encoder_input_data 和 decoder_input 数据作为输入特征，来对 sequence-to-sequence 模型进行训练，以进行 decoder_output_data 的预测。

经过上述一系列过程滞后，数据准备工作终于完成了。因此，可以开始构建 sequence-to-sequence 网络体系结构了。

## 11.2.4 训练网络体系结构

在本示例中，实际上将使用两个独立的体系结构，一个用于训练，一个用于推理。在推理模型中将使用通过训练得到经过训练的层。虽然在这两种体系结构中所使用的部件实际是相同的，但为了使其看起来更加清晰，下面将分别说明这两种体系结构的组成。以下是将用于训练的网络模型：

```
encoder_input = Input(shape=(None, num_encoder_tokens),
name='encoder_input')
encoder_outputs, state_h, state_c = LSTM(lstm_units, return_state=True,
name="encoder_lstm")(encoder_input)
encoder_states = [state_h, state_c]
decoder_input = Input(shape=(None, num_decoder_tokens),
name='decoder_input')
decoder_lstm = LSTM(lstm_units, return_sequences=True,
  return_state=True, name="decoder_lstm")
decoder_outputs, _, _ = decoder_lstm(decoder_input,
initial_state=encoder_states)
decoder_dense = Dense(num_decoder_tokens, activation='softmax',
  name='softmax_output')
decoder_output = decoder_dense(decoder_outputs)

model = Model([encoder_input, decoder_input], decoder_output)
model.compile(optimizer='rmsprop', loss='categorical_crossentropy')
```

如果将一个编码器放大观察，则会看到一个相当标准的 LSTM 网络。所不同的是，这里是从编码器来进行状态获取的（return_state = True）。通常情况下不会这样做，除非是将 LSTM 网络连接到 Dense 层。这些状态就是将从 encoder_states 中捕获的信息，将使用它们来为解码器提供上下文或条件。

在解码器方面，我们设置的 decoder_lstm 与之前构建的 Keras 层略有不同，但仅仅是在语法上略有不同。

代码如下所示：

```
decoder_lstm = LSTM(lstm_units, return_sequences=True,
    return_state=True, name="decoder_lstm")
decoder_outputs, _, _ = decoder_lstm(decoder_input,

initial_state=encoder_states)
```

这在功能上与以下代码相同：

```
decoder_outputs, _, _ = LSTM(lstm_units, return_sequences=True,
    return_state=True, name="decoder_lstm")(decoder_input,
initial_state=encoder_states)
```

这么做的原因将在推理体系结构中显现出来。

请注意，解码器将编码器的隐藏状态作为其初始状态，然后将解码器的输出传递到一个 softmax 层，再由该 softmax 层进行 decoder_output_data 的预测。

最后将定义该训练模型。在此将创造性地称之为模型，因为它们以 encode_input_data 和 decoder_input 数据作为输入来预测 decoder_output_data。

## 11.2.5 网络体系结构（用于推理）

在给定输入序列的条件下，为了实现一个完整的序列的预测，需要对该体系结构做少量的重新安排。预计在未来的 Keras 版本中，这项工作将变得更为简单，但目前还必须经过这一步骤。

为什么要做这些改变呢？因为在推理上将不具有 decoder_input_data 这样的教师向量，此时所能依靠的只能是用户自己了。因此，必须进行相应的设置，以便不需要这样的教师向量。

下面来看看这个用于推理的体系结构，并逐步完成相关的代码：

```
encoder_model = Model(encoder_input, encoder_states)

decoder_state_input_h = Input(shape=(lstm_units,))
decoder_state_input_c = Input(shape=(lstm_units,))
decoder_states_inputs = [decoder_state_input_h, decoder_state_input_c]
decoder_outputs, state_h, state_c = decoder_lstm(
    decoder_input, initial_state=decoder_states_inputs)
decoder_states = [state_h, state_c]
decoder_outputs = decoder_dense(decoder_outputs)
decoder_model = Model(
    [decoder_input] + decoder_states_inputs,
    [decoder_outputs] + decoder_states)
```

首先，从编码器模型的构建开始。该模型具有一个输入序列，并返回一个 LSTM 网络的隐藏状态。该 LSTM 网络是在先前模型中所训练过的。

　　因此，解码器模型将具有两个输入，即从编码器模型派生出来的 h 和 c 隐藏状态，这些状态决定了解码器模型的输出。在此将其统称为 decoder_states_inputs。

　　可以重用上述 decoder_lstm 的代码，但是，这次不打算丢弃状态 state_h 和 state_c，并将它们在网络中进行传递。最终，随着 softmax 目标预测的输出，成为整个网络的输出信息。

　　此时，当推理出一个新的输出序列时，可以在预测出第一个字符后获得这些状态，并将它们与 softmax 预测一起传递回 LSTM 网络，以便 LSTM 网络可以进行下一个字符的预测。重复该循坏过程，直到解码器生成一个 '\n' 字符，表示已经到达了 <EOS>。

　　稍后将查看这些推理代码。现在，一起来看看如何将这些模型连接在一起，从而可以进行训练的。

## 11.2.6　体系结构的合并

　　正如本书的传统，在这里将向您展示这个模型的整个体系结构是如何组合在一起的：

```
def build_models(lstm_units, num_encoder_tokens, num_decoder_tokens):
    # train model
    encoder_input = Input(shape=(None, num_encoder_tokens),
      name='encoder_input')
    encoder_outputs, state_h, state_c = LSTM(lstm_units,
      return_state=True, name="encoder_lstm")(encoder_input)
    encoder_states = [state_h, state_c]
    decoder_input = Input(shape=(None, num_decoder_tokens),
      name='decoder_input')
    decoder_lstm = LSTM(lstm_units, return_sequences=True,
      return_state=True, name="decoder_lstm")
    decoder_outputs, _, _ = decoder_lstm(decoder_input,
                                  initial_state=encoder_states)
    decoder_dense = Dense(num_decoder_tokens, activation='softmax',
                    name='softmax_output')
    decoder_output = decoder_dense(decoder_outputs)
    model = Model([encoder_input, decoder_input], decoder_output)
    model.compile(optimizer='rmsprop', loss='categorical_crossentropy')

    encoder_model = Model(encoder_input, encoder_states)
    decoder_state_input_h = Input(shape=(lstm_units,))
    decoder_state_input_c = Input(shape=(lstm_units,))
    decoder_states_inputs = [decoder_state_input_h,
      decoder_state_input_c]

decoder_outputs, state_h, state_c = decoder_lstm(
    decoder_input, initial_state=decoder_states_inputs)
decoder_states = [state_h, state_c]
decoder_outputs = decoder_dense(decoder_outputs)
decoder_model = Model(
    [decoder_input] + decoder_states_inputs,
    [decoder_outputs] + decoder_states)

return model, encoder_model, decoder_model
```

请注意，在此对所有这三个模型都进行了返回。在训练模型训练之后，将使用 keras model.save（）方法对所有这三个模型进行序列化。

## 11.2.7 训练

终于已经准备就绪，可以训练该 sequence-to-sequence 网络了。以下代码首先调用所有的数据加载函数，创建 callback 回调函数，然后进行模型的训练：

```
data = load_data()
data = one_hot_vectorize(data)
callbacks = create_callbacks("char_s2s")
model, encoder_model, decoder_model = build_models(256,
data['num_encoder_tokens'], data['num_decoder_tokens'])
print(model.summary())

model.fit(x=[data["encoder_input_data"], data["decoder_input_data"]],
          y=data["decoder_target_data"],
          batch_size=64,
          epochs=100,
          validation_split=0.2,
          callbacks=callbacks)

model.save('char_s2s_train.h5')
encoder_model.save('char_s2s_encoder.h5')
decoder_model.save('char_s2s_decoder.h5')
```

可以看出之前并没有像往常那样进行验证数据集或测试数据集的定义。这一次，按照博客文章中所提出的例子，将让 Keras 随机选择 20% 的数据作为验证数据集。作为一个示例，这样做是完全正常的。如果用户打算使用此代码进行实际的机器翻译，那么可以使用一个独立的测试数据集。

在模型训练好之后，将对所有这三个模型进行保存，以便在其他程序中再次加载它们，用于新的推理模型的构建。在此，这样做的目的就是为了保持代码的整洁，因为推理模型的代码本身是非常复杂的。

下面来看看这个模型的 100 个 epoch 的模型训练（见图 11-2）。

正如所看到的，大约从第 20 个 epoch 开始，进入了过度拟合。尽管 loss 仍然是持续降低的，但 val_loss 却一直在增大。在这种情况下，模型检查指导可能不会有很好的效果，因为在训练结束之前不会对该推理模型进行序列化。因此，为了理想起见，应对模型进行再一次的训练，将训练的 epoch 数设置为略高于 TensorBoard 中观察到最小值的 epoch 即可。

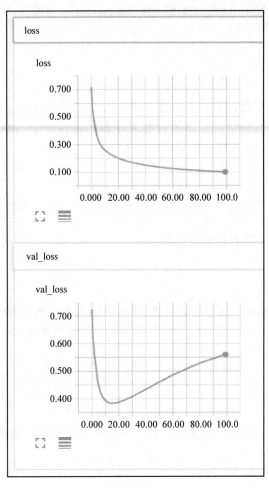

图 11-2

## 11.2.8　推理

现在已经有了一个经过训练的模型，便可以真正生成一些翻译结果了。

总的来说，推理的步骤如下：

1）加载数据并再次对其进行矢量化（需要字符到索引的映射和一些用来进行测试的翻译）。

2）由于需要使用字符来进行字典的索引，因此将为字符字典创建一个反向索引，一旦预测到一个正确的字符，就可以实现从数字到字符的返回。

3）选择一些输入序列进行翻译，然后通过编码器的运行，获取它们的状态。

4）将获得的状态附加上字符 <SOS> 和 "\ t" 发送到解码器。

5）进行循环，以获取各个后续字符，直到解码器生成 <EOS> 或 '\ n' 为止。

### 1. 加载数据

只需从训练脚本中导入 load_data 和 one_hot_vectorize 函数，并以相同的方式来调用这些方法，如下面的代码所示：

```
data = load_data()
data = one_hot_vectorize(data)
```

### 2. 创建反向索引

解码器将预测正确字符的索引，该索引将是解码器的 softmax 输出的 argmax，用户需要将该索引映射到其对应的字符。之前在数据字典中已经有了一个字符到索引的映射，因此只需要将其反转即可。该字典反转操作很简单，如下所示：

```
def create_reverse_indicies(data):
data['reverse_target_char_index'] = dict(
    (i, char) for char, i in data["target_token_index"].items())
return data
```

然后，可以用如下代码来调用此函数：

```
data = create_reverse_indicies(data)
```

### 3. 加载模型

可以使用 keras.models.load_model 来加载在训练脚本中保存的模型，在此创建了一个能够完成这项任务的助手。下面将使用以下代码来进行模型的加载：

```
def load_models():
    model = load_model('char_s2s.h5')
    encoder_model = load_model('char_s2s_encoder.h5')
    decoder_model = load_model('char_s2s_decoder.h5')
    return [model, encoder_model, decoder_model]
```

只需用以下的代码来调用这个函数，就可以实现三个模型的加载：

```
model, encoder_model, decoder_model = load_models()
```

### 4. 序列的翻译

现在，已经准备就绪，可以采用几个输入序列作为样本来对它们进行翻译了。在示例代码中，使用前 100 个双语对来进行翻译。一个更好的测试可能是在整个空间中进行随机抽样，以下这个简单的循环给出了这个翻译的过程：

```
for seq_index in range(100):
    input_seq = data["encoder_input_data"][seq_index: seq_index + 1]
    decoded_sentence = decode_sequence(input_seq, data, encoder_model,
                                       decoder_model)
    print('-')
    print('Input sentence:', data['input_texts'][seq_index])
    print('Correct Translation:', data['target_texts']
        [seq_index].strip("\t\n"))
    print('Decoded sentence:', decoded_sentence)
```

在此代码中，使用 encoder_input_data 的一个观察作为 decode_sequence 的输入。decode_sequence 将传回解码器认为正确翻译的序列。还需要将编码器和解码器模型传递给它，以便它可以完成工作。随后的翻译是很有趣的,因为之前所学的短语与此无关。

一旦有了解码器预测,就可以将它与输入和正确的转换进行比较。

当然现在还做不到,因为还没有探究 decode_sequence 方法的工作原理,这也正是接下来要做的。

**5. 序列的解码**

译码器开始工作需要以下两个条件:

1)来自编码器的状态。

2)用于启动翻译预测的输入信号。将在 one hot 向量中发送一个字符 '\t',因为它是 <SOS> 字符。

为获得编码器的状态,只需要使用以下代码,将待翻译短语的矢量化版本发送给编码器:

```
states_value = encoder_model.predict(input_seq)
```

为了启动解码器,还需要一个包含 <SOS> 字符的 one hot 向量。相应的代码如下所示:

```
target_seq = np.zeros((1, 1, data['num_decoder_tokens']))
target_seq[0, 0, data['target_token_index']['\t']] = 1.
```

此时已经准备就绪,可以设置一个解码器循环,以生成短语翻译。相应的代码如下所示:

```
stop_condition = False
decoded_sentence = ''
while not stop_condition:
    output_tokens, h, c = decoder_model.predict(
        [target_seq] + states_value)

    sampled_token_index = np.argmax(output_tokens[0, -1, :])
    sampled_char = data["reverse_target_char_index"][sampled_token_index]
    decoded_sentence += sampled_char

    if (sampled_char == '\n' or
        len(decoded_sentence) > data['max_decoder_seq_length']):
        stop_condition = True

    target_seq = np.zeros((1, 1, data['num_decoder_tokens']))
    target_seq[0, 0, sampled_token_index] = 1.
states_value = [h, c]
```

首先,要注意的是,该循环直到 stop_condition = True 才停止。只有当解码器生成字符 '\n' 时,该停止条件才会产生。

第一轮循环过程中,使用 <SOS> 向量来调用 decoder_model 的预测方法,以及在循环外部创建的编码器状态。

当然,output_tokens 将包含解码器能够预测的每个字符的 softmax 预测值。通过 output_tokens 的 argmax 参数,可以得到 softmax 最大值的索引。方便的是,可以使用之前创建的 reverse_target_char_index,这是一个在索引和字符之间进行转换的字典,可以将该索引值反转换为相应的字符。

接下来，将该字符附加到 decode_sequence 字符串中。

然后，检查该字符是否为触发 stop_condition 条件成立的字符 "\n"。

最后，创建一个新的 target_seq，其中包含解码器生成的最后一个字符以及一个包含解码器隐藏状态的列表。现在已经准备就绪，可以开始新一轮的循环了。

该解码器正是按照这一过程进行工作的，直到解码序列生成为止。

**6. 翻译示例**

为了体验其中的乐趣，在此仅提供了一些尝试的翻译，这些例子都来自训练集的前部。这意味着是在正训练数据集上进行预测，因此这些翻译结果可能使模型看起来比实际更好。

第一个翻译也许是您期待已久的，网络也做得很好。

输入的句子: Help!

正确的翻译: À l'aide!

解码后的句子: À l'aide !

接下来的翻译将更加有趣，因为所学习的短语与任何训练短语都没有关联。其中，"Vas-tuimmédiatement！"这句话可以翻译为类似于"You go immediately（你快点吧）"的句子，它实际是非常接近的，甚至可能是正确的。

输入的句子: Go on.

正确的翻译: Poursuis.

解码后的句子: Vas-tu immédiatement!

-

输入的句子: Go on.

正确的翻译: Continuez.

解码后的句子: Vas-tu immédiatement!

-

输入的句子: Go on.

正确的翻译: Poursuivez.

解码后的句子: Vas-tu immédiatement!

当然，一件同样的事情可以用很多不同的方式来说，这会使得网络变得更加困难。

输入的句子: Come on!

正确的翻译: Allez !

解码后的句子: Allez!

-

输入的句子: Come on.

正确的翻译: Allez!

解码后的句子: Allez!

-

输入的句子: Come on.

正确的翻译：Viens!

解码后的句子：Allez!

-

输入的句子：Come on.

正确的翻译：Venez!

解码后的句子：Allez!

## 11.3　小结

本章介绍了 sequence-to-sequence 模型的基础知识，包括它们的工作原理以及如何使用它们。希望在此为用户展示了机器翻译、提问应答和聊天应用的强大工具。

如果读者对之前的内容都有所掌握，那么说明您已经领会了很多深度学习的应用，并且会发现自己已率先走在了通往先进深度神经网络应用的路上。

下一章将展示另一个先进的主题——深度强化学习或 deep-Q 学习，并展示如何实现自己的 deep-Q 网络。

在此，sois détendu！（先让我们放松一下！）

# 第 12 章
# 使用深度强化学习

本章将以一种略有不同的方式来使用深度神经网络。在此将构建一个智能体，而不是预测一个类的成员资格或对一个值进行估计，也不是要生成一个序列。虽然机器学习和人工智能这两个术语经常互换使用，但在本章中将从智能体的角度来讨论人工智能。该智能体能够进行环境感知，并采取相应的措施在该环境中实现某些目标。

假如要实现一个可以玩诸如国际象棋或围棋之类战略游戏的智能体，则构建神经网络以解决此类游戏的一种非常自然的方案，可能是通过一种网络体系结构，对每个可能的板块组合进行 one hot 编码，然后对每个可能的下一步走法进行预测。由于网络庞大而复杂，所以这种方案可能不会取得很好的效果。为了下好国际象棋，用户不仅要考虑下一步的走法，还要考虑该步之后的行动。在一个非确定性的世界中，该智能体需要在众多可能的未来步法中考虑一个最佳的步法。

这是一个令人兴奋的领域，正是在这个智能体领域，研究人员正朝着通用人工智能或强人工智能的方向发展。该发展方向也是创造智能体的崇高目标，使得智能体能够完成人类可以完成的任何智慧任务。这种强 AI 的理念通常与弱 AI 相反，后者指的是解决某些单一任务或应用的能力。

本章对作者和读者都是一个挑战，因为强化学习通常需要专门的书籍来进行介绍，还需综合数学、心理学和计算机科学所取得的成就。所以，鉴于本书是一本快速实践的参考，在接下来的内容中将力图为读者进行足够的介绍，而不作过多的展开。

强化学习（Reinforcement learning），Markov 决策过程（Markov Decision Processes）和 Q-learning 是智能体的基石，下面将对它们进行讨论。

本章将讨论以下主题：

1）强化学习概述；

2）Keras 强化学习平台架构；

3）在 Keras 中构建强化学习智能体。

## 12.1　强化学习概述

强化学习是建立在智能体的概念上的。智能体通过某个状态的观察然后采取相应的行动来与其所处的环境进行交互。当智能体采取行动以在状态之间移动时，它以奖励信号的形式来接收关于其行为良好性的反馈。这种奖励信号是对强化学习的强化，也是一个反馈回路，智能体可以用它来了解其所做选择的良好性。当然，这种奖励既可以是正向的，也可以是负向的（惩罚）。

假如正在建造一辆自动驾驶的汽车，那么这种汽车就是一个智能体。随着它在道路上行驶，它会不断地接收到一个与其行动相对应的连续的奖励信号流。如果保持在车道内行驶则可能会带来正向的奖励。反之，如果在行驶过程中碰到了行人则可能会对智能体产生非常负向的反馈。因此，当面临是保持在道路内还是撞击行人的选择时，智能体很有希望学会对行人进行避让，以变线到道路的外侧、失去车道保持的奖励为代价，以避免因碰撞行人而受到更大的惩罚。

强化学习的核心概念是状态、行动和奖励。在此，对奖励已经进行了讨论，所以再来谈谈行动和状态。行动是智能体在观察到了某些状态时可以做的事情。假如智能体正在玩一个简单的棋盘游戏，那么行动则是智能体在换手到它的时候所进行的操作。此时，换手就是智能体所观察的状态。就在此所看到的这些问题的目的来说，智能体可以采取的行动总是有限且离散的。这个概念如图 12-1 所示：

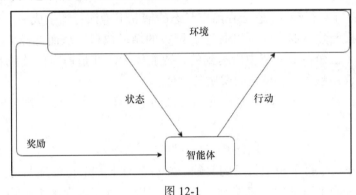

图 12-1

该反馈回路的一个单步执行可以用数学公式表达如下：

$$s \xrightarrow{a} r, s'$$

在此，一个行动将智能体从它的初始状态 $s$ 转换到它的下一个状态 $s'$，同时它也收到了一个奖励 $r$。智能体选择行动的方式则被称为智能体策略，通常记为 $\pi$。

强化学习的目标是找要到一系列的行动，使智能体从一个状态转换到另一个状态的同时，尽可能多地获得奖励。

## 12.1.1 Markov 决策过程

在此所构建的这个领域恰好是一个 Markov 决策过程（Markov Decision Process，MDP），它具有以下特性：

1）它有一个有限的状态集，$S$；
2）它有一个有限的行动集，$A$；
3）$P_a(s,s')$ 是采取行动 $A$、将状态 $s$ 转换到状态 $s'$ 的概率；

4）$R_a(s,s')$ 是状态 $s$ 到 $s'$ 转换时所获得的直接奖励；

5）$\gamma \in [0,1]$ 是折扣系数，即对未来奖励中超过现有奖励部分的折扣（稍后会详细介绍）。

一旦有了一个策略函数 $\pi$ 来决定每个状态采取什么行动，MDP 问题就被解决了，从而变成了一个 Markov 链。

好在，一个 MDP 问题的完美解决是完全有可能的，但这也需要一个前提，那就是 MDP 的所有奖励和状态变化的概率必须是已知的。事实证明，这个前提条件是相当重要的。由于智能体所处的环境是混沌的，或者至少是非确定性的，所以大多数时候，智能体无法知道所有的奖励和状态变化的概率。

## 12.1.2　Q-learning

假设有一些函数 $Q$，可以对所采取的某一个行动的回报进行估计：

$$r = Q(s, a)$$

对于一些状态 $s$ 和行动 $a$，它会在给定状态的情况下为该行动生成一个奖励值。如果已知环境的所有回报函数，那么就可以通过 $Q$ 函数的循环执行，从而选择那些能带来最大回报的行动。但是，正如在上一节中所提到的，智能体无法知道所有的奖励状态和状态发生概率。因此，该 $Q$ 函数需要尝试进行奖励的近似。

可以用一个被称作 Bellman 方程的递归定义的 $Q$ 函数，来对这个理想的 $Q$ 函数进行近似：

$$Q(s, a) = r_0 + \gamma \max_a Q(s', a)$$

在这种情况下，$r_0$ 是下一个行动的奖励。然后，对下一个行动递归地使用 $Q$ 函数（递归地反复遍历）来确定行动的未来奖励。在此过程中，将作为未来奖励相对于当前奖励的折扣。只要 $\gamma$ 小于 1，它就不会使奖励系列无限增大。更明显的是，未来状态的奖励将远小于当前状态的奖励。举个具体的例子，如果有人将在今天给您 100 美元，或者在明天 100 美元，那么您应该选择今天就拿到钱，因为明天是不确定的。

如果尽最大努力让该智能体对每一个可能的状态转换都经历到，并使用此函数来估计奖励，就会得到试图逼近的理想 $Q$ 函数。

## 12.1.3　无限状态空间

通过 $Q$ 函数的讨论可以认识到传统强化学习的一个重要局限。前面讲过，传统强化学习假设其状态空间是有限的，并且是离散的。不幸的是，现实世界并不是这样的，该智能体在很多时候会发现自己所处的环境并不是这样的。假设有一个可以打乒乓球的智能体，则它的状态空间的一个重要部分就是乒乓球的速度，这当然不是离散的。还有一个具有视觉功能的智能体，就像后面会讲到的那样，呈现给它的将会是一幅图像，这也是一个大的连续空间。

当在各个状态之间进行转换的过程中，所讨论过的 Bellman 方程要求用户为所经历过的奖励维持一个大的矩阵。但是，当面对一个连续的状态空间时，这是无法做到的。因为可能的状态基本上是无限的，但无法创建一个无限大小的矩阵。幸运的是，可以使用深度神经网络来进行 $Q$ 函数的近似。

### 12.1.4　Deep Q 网络

Deep Q 网络（Deep Q Networks，DQN）是一个进行 $Q$ 函数近似的神经网络，它将状态映射到行动，并且对每个行动的 $Q$ 值的估计进行学习，如图 12-2 所示。

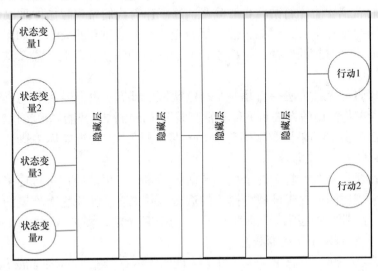

图 12-2

可以使用深度神经网络作为近似该奖励矩阵的函数，而不是试图存储那个将奖励从连续状态空间映射到行动的无限大的矩阵。通过这种方式，可以使用神经网络作为智能体的大脑。但这一切都引出了一个非常有趣的问题，那就是如何来训练这个网络？

#### 1. 在线学习

当该智能体从一种状态过渡到另一种状态时，通过采取行动，它会收到奖励。智能体可以通过使用每个状态、行动和奖励作为训练输入来进行在线学习。在每个行动之后，智能体将更新它的神经网络权重，以希望在此过程中变得更聪明。这是在线学习的基本思想。智能体的学习过程就像本书的学习过程一样。

这种简单的在线学习方式的缺点是显而易见的，有以下两个方面：

1）在经历过之后，我们就会抛弃之前的经验。

2）学习过程中所获得的经历是高度相关的，我们将对最近的经历进行过度拟合。有趣的是，这个缺点也是人类所避免不了的，被称为获得性误差。

我们可以通过记忆和经验回放来解决这些问题。

#### 2. 记忆和经验回放

当引入了有限记忆空间的概念时，便得到了这两个问题的巧妙解决方案。在有限记忆空间中存储了智能体曾经获得的一组经验，在每个状态，都可以借助记忆空间来进行状态、行动和奖励的记忆。然后，智能体可以定期从记忆空间中进行经验回放，并对这些经验记忆进行随机采样，从而得到一个训练小批量，并使用该小批量来更新 DQN 的权重。

这种回放机制使智能体能够从长期的、全局的经验中进行学习，因为它是从记忆空间中随机抽取经验，而不是仅使用最近的经验来更新整个网络的。

## 12.1.5　守成与探索

通常，我们希望智能体遵循贪心的策略，这意味着我们希望智能体采取具有最大 $Q$ 值的行动。由于网络正在学习，因此我们并不希望它总是表现得很贪心。如果它一直这样做的话，它将永远不会对新的选择进行探索，并学习新的东西。因此，需要该智能体偶尔进行策略的改变。

平衡这种探索的最佳方法一直是一个持续研究的课题，并且这种状态已经持续了很长时间。但是，现在将使用的方法是一种非常直观明了的方法。智能体每将执行一个行动时，都会生成一个随机数。如果该数字等于或小于某个阈值 $\epsilon$，则智能体将执行一个随机的行动。这种方法被称为 $\epsilon$ 贪心策略。

当智能体首次启动时，它对这个世界了解得不多，它可能应该进行更多的探索。随着智能体变得越来越聪明，它应该减少探索的进行，并更多地使用它对环境的了解。要做到这一点，只需要在训练时逐渐减少阈值 $\epsilon$ 即可。在该例子中，将在每轮换手时以一个衰减率来减少 $\epsilon$，以使它随着每个行动而线性减小。

把它们结合在一起，就有了一个线性退火的 $\epsilon$ 贪心 $Q$ 策略（linear annealed $\epsilon$ -greedy Q policy），它既简单，听起来又有趣。

## 12.1.6　DeepMind

一个关于强化学习的讨论，如果不提到由 Mnih 等人撰写的论文《通过深度强化学习进行的 Atari 游戏》（*Playing Atari with Deep Reinforcement Learning*）（https://www.cs.toronto.edu/~vmnih/docs/dqn.pdf），那么至少也是不完整的。论文作者 Mnih 当时在 DeepMind 公司，现在在谷歌公司。在这篇具有里程碑意义的论文中，作者使用了一个卷积神经网络来对一个 Deep Q 网络进行训练，以进行 Atari 2600 游戏的操控。他们从 Atari 2600 游戏中获取了以原始像素输出的图片，然后将其缩小一点，并将其转换为灰度级图像，再将其用作 Deep Q 网络状态空间的输入。为了使计算机能够理解屏幕上物体的运动速度和方向，他们使用了 4 个图像缓冲器作为 Deep Q 网络的输入。

作者创建了一个智能体，这个智能体使用一个完全相同的神经网络体系结构进行了 7 场 Atari 2600 游戏的比赛，该智能体在其中的 3 场比赛中比人类表现得更好。后来，这个智能体又陆续进行了 49 场比赛，其中大多数都比人类表现得更好。该论文是迈向通用人工智能的非常重要的一步，也是大多数当前正在进行的强化学习研究的坚实基础。

## 12.2 Keras 的强化学习平台架构

至此只是具备了足够的背景来开始建立一个 Deep Q 网络，但仍然有一个很大的障碍需要克服。

要实现一个利用深度强化学习的智能体可能是具有相当大的挑战性的，但最初由 Matthias Plappert 撰写的 Keras-RL 库可能会使其变得容易一些。下面将使用他的库来为本章介绍的智能体提供动力。

当然，如果没有一个环境，那么该智能体就没有多少乐趣。之后使用 OpenAI gym，它为我们提供了许多环境，包括状态和奖励函数，从而可以轻松地使用这些环境为该智能体构建其进行探索的世界。

### 12.2.1 安装 Keras-RL

Keras-RL 可以通过 pip 来进行安装。但是，作者建议从项目 GitHub repo 中来安装它，因为那里的代码可能有些许更新。为此，只需克隆 repo 并运行 python setup.py install 即可。如以下代码所示：

```
git clone https://github.com/matthiasplappert/keras-rl.git
cd keras-rl
python setup.py install
```

### 12.2.2 安装 OpenAI gym

至此，OpenAI gym 就可以使用 pip 进行安装了。下面将使用它们的 Box2D 和 atari 环境中的示例。用户可以使用以下代码来安装它们：

```
pip install gym
pip install gym[atari]
pip install gym[Box2D]
```

### 12.2.3 使用 OpenAI gym

使用 OpenAI gym 确实可以使深度强化学习变得轻松。尽管 Keras-RL 将替我们完成大部分艰苦的工作，但作者认为分别在 OpenAI gym 中遍历还是值得的，以便用户了解智能体是如何与环境互动的。

环境是可以实例化的对象。例如，要创建一个 CartPole-v0 环境，只需要通过如下所示的代码导入 OpenAI gym，并进行环境的创建：

```
import gym
env = gym.make("CartPole-v0")
```

现在，如果该智能体想要在该环境中行动，那么它只需要发送一个行动（action），并获得一个状态和奖励即可。如以下代码所示：

```
next_state, reward, done, info = env.step(action)
```

通过使用一个循环与环境交互，智能体可以对整个 episode 进行播放。该循环的每一轮执行都对应于 episode 中的单个步骤。当智能体从环境中接收到"完成"的信号时，episode

播放结束。

## 12.3　在 Keras 中构建一个强化学习智能体

现在终于准备就绪，可以开始编写代码了。本节将演示两个名为 CartPole 和 Lunar Lander 的 Keras-RL 智能体。之所以选择这两个示例，是因为它们的运行不会消耗 GPU 和云预算。它们很容易被扩展到那些 Atari 问题，在本书的 GitHub 库中也包含了一个 Atari 问题，像往常一样，可以在 Chapter12 文件夹中找到所有的这些代码。下面对这两个环境进行简要介绍。

1）CartPole（小车平衡杆）。CartPole 环境具有一个平衡放置在小车上的杆。智能体必须学习如何在垂直方向上保持杆的平衡。与此同时，位于杆下方的小车也在不断地运动。智能体被给定的输入有小车的位置、小车的速度、杆的角度以及杆的旋转速率。智能体可以在小车的任一侧施加一个作用力，如果杆偏离垂直方向的角度超过了 15°，就意味着智能体的比赛结束。

2）Lunar Lander（月球着陆器）。Lunar Lander 环境颇具一些挑战性。智能体必须将月球着陆器降落到一个月球着陆区上。随着剧情的推进，月球的表面会发生变化，着陆器的方向也会发生变化。在每一个步序中，智能体将获得一个用于描述其所处世界当前状态的 8 维数组，并可以在这该步中采取 4 种行动中的一种作为其行动。智能体可以选择的行动包括什么都不做、主引擎点火、左方向引擎点火以及右方向引擎点火。

### 12.3.1　CartPole

CartPole 智能体使用的是一个相当普通的神经网络，即使在没有 GPU 的情况下，用户也应该能够快速地使其得到训练。如之前一直所做的一样，首先还是来看看模型的体系结构，然后将定义网络的记忆、进行策略的探索，最后进行智能体的训练。

#### 1. CartPole 的神经网络体系结构

该模型具有 3 个隐藏层，每层都具有 16 个神经元，这样的一个简单的结构就足以解决这个相对简单的问题了。这个模型非常类似于在本书开头所使用的一些基本模型，将使用以下代码来进行模型的定义：

```
def build_model(state_size, num_actions):
    input = Input(shape=(1,state_size))
    x = Flatten()(input)
    x = Dense(16, activation='relu')(x)
    x = Dense(16, activation='relu')(x)
    x = Dense(16, activation='relu')(x)
    output = Dense(num_actions, activation='linear')(x)
    model = Model(inputs=input, outputs=output)
    print(model.summary())
    return model
```

模型的输入是一个 $1 \times$ 状态空间的向量，并且每个可能的行动均将有一个输出神经元，它将为每个步序预测该行动的 $Q$ 值。通过其输出的 argmax，就可以选择具有最高 $Q$ 值的行动。由于 Keras-RL 会实现这些过程，所以并不需要用户一步一步来做。

## 2. 网络记忆

Keras-RL 提供了一个名为 rl.memory.SequentialMemory 的类，它提供了一种快速有效的数据结构，可以将智能体的经验进行存储和记忆。

```
memory = SequentialMemory(limit=50000, window_length=1)
```

需要为这个记忆存贮对象指定一个最大容量值，这是一个超参数。当新的经验被添加到这个记忆存贮中时，如果记忆存贮被填满，则旧的经验就会被遗忘。

## 3. 策略

Keras-RL 提供了一个名为 rl.policy.EpsGreedyQPolicy 的 $\epsilon$ 贪心 Q 策略，可以用它来进行平衡的探索和发现。随着智能体在其所处世界上的探索的逐步进行，可以使用 rl.policy. LinearAnnealedPolicy 来对 $\epsilon$ 进行衰减。相应的代码如下所示：

```
policy = LinearAnnealedPolicy(EpsGreedyQPolicy(), attr='eps', value_max=1.,
value_min=.1, value_test=.05, nb_steps=10000)
```

此段代码要表达的是，要求 $\epsilon$ 的初值为 1，随着衰减过程的进行，最终将不小于 0.1，同时测试随机数是否小于 0.05。在 $\epsilon$ 介于 1 和 0.1 之间时，将其所经历的步数设置为 10000，从而使得 Keras-RL 自动进行衰减速度的计算。

## 4. 智能体

在完成了模型、记忆和策略的定义后，现在可以创建一个 Deep Q 网络智能体了，并将所定义的那些对象发送给该智能体。Keras RL 提供了一个名为 rl.agents.dqn.DQNAgent 的智能体类，可以使用它来完成智能体的定义，如下面的代码所示：

```
dqn = DQNAgent(model=model, nb_actions=num_actions, memory=memory,
nb_steps_warmup=10,
                target_model_update=1e-2, policy=policy)

dqn.compile(Adam(lr=1e-3), metrics=['mae'])
```

其中，有两个参数可能用户还不熟悉，即 target_model_update 和 nb_steps_warmup。

1）nb_steps_warmup：该参数确定在开始进行经验回放之前所需要等待的时间。如果读者还记得，经验回放是我们真正开始网络训练的时间。该等待时间能进行足够经验的积累，以构建一个合适的训练小批量。如果用户为此参数所选定的值小于批量的大小，那么 Keras RL 将以该参数值来对其进行替换。

2）target_model_update：$Q$ 函数是一个递归函数，并且，当智能体为 $Q(s, a)$ 的计算进行网络更新时，这个更新也会影响到它对用于 $Q(s', a)$ 进行计算的预测。这种影响可能会使得网络变得非常不稳定。因此，大多数 Deep Q 网络的实现均使用了一个目标网络，并以此来解决网络的这种局限性。这种目标网络是一个未经过训练的 Deep Q 网络的副本，而且是每隔一段时间会用一个新的副本对其进行替换。target_model_update 参数控制这种副本替代情况发生的频率。

## 5. 训练

Keras RL 提供了几个 Keras 类的回调函数，可以方便地进行模型检查指导和日志记录。

以下将使用两个这样的回调函数。如果想了解更多的 KerasRL 提供的回调函数，读者可以在 https://github.com/matthiasplappert/keras-rl/blob/master/rl/callbacks.py 上找到它们。用户还可以找到一个回调类，并用它们来创建自己的 KerasRL 回调函数。

使用以下代码来训练该模型：

```
def build_callbacks(env_name):
    checkpoint_weights_filename = 'dqn_' + env_name + '_weights_{step}.h5f'
    log_filename = 'dqn_{}_log.json'.format(env_name)
    callbacks = [ModelIntervalCheckpoint(checkpoint_weights_filename,
interval=5000)]
    callbacks += [FileLogger(log_filename, interval=100)]
    return callbacks

callbacks = build_callbacks(ENV_NAME)

dqn.fit(env, nb_steps=50000,
 visualize=False,
 verbose=2,
 callbacks=callbacks)
```

一旦构建了智能体的回调函数，就可以像使用 .fit（）方法一样来对 DQNAgent 进行训练了，就像训练一个 Keras 模型所做的那样。请注意此示例中的 visualize 参数。如果 visualize 被设置为 True，那么将能够观察智能体与环境的交互。然而，这将大大降低训练的速度。

6. 结果

在前 250 个 episode 之后，将看到一个 episode 的总奖励值达到了 200，而此时 episode 的步骤也达到了 200。这意味着智能体已经学会了对小车上的杆进行平衡控制，直到环境以其最多的 200 步结束为止。

如果能够看到该智能体成功进行杆平衡的过程当然是十分有趣的，因此可以使用 DQNAgent .test（）方法来对一些 episode 的执行进行查看。以下代码用于此方法的定义：

```
dqn.test(env, nb_episodes=5, visualize=True)
```

在此，设置 visualize = True，这样就可以看到智能体进行杆平衡的过程了，如图 12-3 所示。

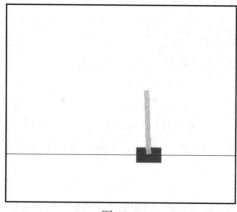

图 12-3

以上所进行的就是这样一个平衡杆的示例。但是，作者认为这样一个小车上的平衡杆还不是很酷，所以再来做一个更有分量的例子。这个例子中将在月球上进行月球着陆器的着陆，这将有望给读者留下更深的印象。

## 12.3.2　月球着陆器

由于模型都是基于 KerasRL 的，因此用于 Lunar Lander 的智能体除了实际模型体系结构和一些超参数有少许更改以外，其他部分与 CartPole 几乎是相同的。Lunar Lander 的环境参数有 8 个输入而不是 4 个，因此该智能体现在可以选择的行动是 4 个而不是 2 个。

如果读者受到这些示例的启发并决定尝试进行一个 KerasRL 网络的构建，请记住，超参数的选择非常非常重要。对于 Lunar Lander 智能体的情况而言，即使是一个模型体系结构的最小改变也有可能导致该智能体无法学习到环境解决方案。让网络能够处在一个恰到好处的状态是一件非常难的事情。

### 1. Lunar Lander 网络体系结构

Lunar Lander 智能体的体系结构要比 CartPole 稍微复杂一些，所使用的隐藏层还是 3 个，但每个隐藏层所使用的神经元更多。使用以下代码来进行模型的定义：

```
def build_model(state_size, num_actions):
    input = Input(shape=(1, state_size))
    x = Flatten()(input)
    x = Dense(64, activation='relu')(x)
    x = Dense(32, activation='relu')(x)
    x = Dense(16, activation='relu')(x)
    output = Dense(num_actions, activation='linear')(x)
    model = Model(inputs=input, outputs=output)
    print(model.summary())
    return model
```

对于这个问题来说，一个较小的体系结构将导致智能体仅能够学会进行着陆器的控制和悬浮，但实际上并没有着陆。当然，由于对每个 episode 中的每一步均采用一个小批量进行更新，因此需要在复杂性和所需的运行时间、计算量之间进行仔细权衡。

### 2. 记忆和策略

在此，可以重用 CartPole 的记忆和策略。通过线性退火策略中步序的进一步调整可以提高智能体的速度训练，因为这个智能体需要更多的步序来进行训练。但是，使用 CartPole 所选择的值似乎已经表现得非常好了，所以仅将这个调整作为一个练习，留给读者自己来进行。

### 3. 智能体

Lunar Lander 的 DQNAgent 也是相同的，只是其学习率要小得多，可以从以下代码中看到：

```
dqn = DQNAgent(model=model, nb_actions=num_actions, memory=memory,
nb_steps_warmup=10, target_model_update=1e-2, policy=policy)
dqn.compile(Adam(lr=0.00025), metrics=['mae'])
```

#### 4. 训练

当对这个智能体进行训练时,注意到它学会做的第一件事是着陆器的悬浮,并避免着陆。当着陆器最终着陆时,它会获得一个非常强烈的回馈,该回馈要么是成功着陆时的 +100,要么是着陆坠毁时的 −100。由于这个 −100 的回报是如此的强烈,以至于智能体宁愿接受因为首先徘徊而遭受的小额惩罚。该智能体需要花费不少时间才能学习到一个好的着陆比没有着陆要好,而着陆坠毁是最糟糕的。

 可以通过奖励信号的塑造来帮助智能体进行更快的学习,但这方面的内容已超出了本书的范畴。更多的相关信息请参阅奖励塑造方面的书籍。

由于这个极端负面的着陆回报的存在,使得网络需要花费很长时间才能学会着陆器的着陆。在这里运行了 50 万个训练步序来进行信息的传达。使用以下代码来进行的智能体训练:

```
callbacks = build_callbacks(ENV_NAME)

dqn.fit(env, nb_steps=1000000,
        visualize=False,
        verbose=2,
        callbacks=callbacks)
```

用户可以通过参数 gamma 调整,来进一步对此示例进行改进,该参数的默认值为 0.99。如果回想一下有关 $Q$ 函数的内容,则会发现该参数会在 $Q$ 函数中减少或增加对未来奖励的影响。

#### 5. 结果

本书 GitHub 库的相应章节中给出了 Lunar Lander 的权重,并创建了一个脚本,以可视化的方式来进行这些权重的调整,该脚本的名称为 dqn_lunar_lander_test.py。它对训练过的模型权重进行加载,并进行 10 个 episode 的运行。大多数情况下,智能体能够以惊人的技巧和准确度将月球着陆器降落在它的着陆垫上,如图 12-4 所示。

图 12-4

希望这个例子能说明，虽然 Deep Q 网络不是火箭科学的范畴，但可以用它们来进行火箭的控制。

## 12.4　小结

斯坦福大学是将强化学习作为一门专门的课程来进行讲教授的，有关强化学习的内容也应该写成一本专门的书籍，事实上这样的书也已经有好几本了。但在这一章里希望向读者展示足够的知识，让您能够着手解决强化学习的问题。

当作者在解决 Lunar Lander 问题时，很容易让思绪从一个游戏问题飞跃到使用一个由 Deep Q 网络驱动的智能体来进行实际的太空探索。希望这一章对读者也能起到同样的作用。

下一章将展示最后一种深度神经网络的应用，那就是生成对抗网络（Generative Adversarial Networks, GAN），在那里将看到一个可以生成新的图像、数据甚至音乐的网络。

# 第 13 章
# 生成对抗网络

此前，本书的大部分篇幅都用在了对分类和估计网络的讨论，但本章将展示一些具有创造能力的深度神经网络。生成对抗网络（Generative Adversarial Network，GAN）通过两个深度网络之间的内部竞争学会了这一点，将在下面对其进行讨论。在深度卷积生成对抗网络（Deep Convolutional General Adversarial Networks，DCGAN）的情况下，网络将学习创建与训练数据集中的图像相似的图像。而 DCGAN 则是本章中重点关注的 GAN 类型。

本章将介绍以下主题：

1）GAN 的概述；

2）深度卷积 GAN 的体系结构；

3）GAN 如何失效；

4）GAN 的安全选择；

5）使用 Keras 进行的 MNIST 图像 GAN 生成；

6）使用 Keras 进行的 CIFAR-10 图像 GAN 生成。

## 13.1　GAN 的概述

生成对抗网络都是具有新内容生成的。GAN 能够学习一些分布并创建一个符合该分布的新样本。该样本可能只是训练数据中所没有的一个曲线上的新数据点，但它也可能是一个非常复杂的数据集中的新数据点。

GAN 通常被用于新的音乐、声音和图像的生成。根据 Yann LeCun 的说法，对抗训练是有史以来"最酷"的事情。无论如何，GAN 还是非常受欢迎的，虽然它可能不像在商业环境中涉及的其他一些主题那样实用，但它还是值得在深度学习技术的研究中加以考虑。

2014 年，Ian Goodfellow 等人曾写了一篇名为《生成对抗网络》（*Generative Adversarial Nets*）（https://arxiv.org/pdf/1406.2661.pdf）的论文，该论文提出了一个体系结构，该体系结构使用了两个深度网络的对抗训练，每个网络试图击败另一个。该体系结构由两个独立的网络组成，一个是鉴别器，另一个是生成器。

鉴别器对来自训练集的真实数据和来自发生器的仿造数据进行检查，它的工作是将每一个输入的数据实例分类为真实的或仿造的。

生成器试图欺骗鉴别器，使它认为自己所生成的数据是真实的。

　　生成器和鉴别器被锁定在一个游戏中，彼此都试图超越对方。该竞争驱动使得每个网络都对自己进行改进，直到最终生成器的输出，使鉴别器无法与训练集中的数据进行区分为止。当生成器和鉴别器达到一个恰当的配置时，它们将达到纳什均衡，两者都无法找到相对于另一个的优势。

## 13.2　深度卷积 GAN 的体系结构

　　关于 GAN 的论文有很多，每篇论文都提出了新颖的体系结构和改进方案。然而，它们中的大多数至少在某种程度上是基于深度卷积 GAN（DCGAN）的。本章后续部分的重点将放在此模型上，因为当读者以后采用那些此处未介绍的新的令人兴奋的 GAN 体系结构时，这些知识将有望为您提供良好的服务。例如条件 GAN（cGAN）、堆栈 GAN 、Info-GAN、Wasserstein GAN，或者读者可能会选择的其他新变体。

　　Alex Radford、Luke Metz 和 Soumith Chintala 在论文《通过卷积生成对抗网络进行的无监督表示学习》（*Unsupervised Representation Learning with Deep Convolutional Generative Adversarial Networks*）（https://arxiv.org/pdf/1511.06434.pdf）中对 DCGAN 进行了介绍。

　　下面来看 DCGAN 的总体体系结构。

### 13.2.1　对抗训练体系结构

　　GAN 的总体体系结构如图 13-1 所示。为了便于使用，生成器和鉴别器均具有各自独立的深度神经网络。为了便于理解，在此将它们都简化为黑盒子。稍后将对它们的体系结构分别进行介绍，但在这里，先来重点看一下它们是如何进行交互的。

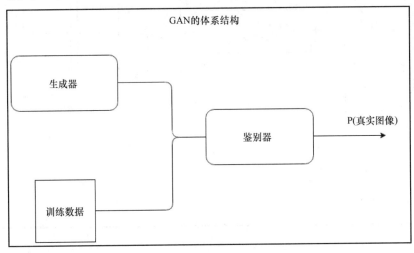

图 13-1

　　首先，给生成器一个随机噪声向量（$z$）并产生一个输出 $G(z)$（在 DCGAN 的情况下是一个图像），它希望该输出能骗过鉴别器。

　　给鉴别器的输入为真实的训练数据（$X$）和生成器的输出 $G(z)$。鉴别器的任务是确定

其输入 $G(z)$ 为真实的训练数据的概率 $P(X)$。

鉴别器和生成器都是在同一个 Stack 中同时进行训练的。当一个改进时，另一个也进行改进，直到用户所希望的那样，生成器将产生如此好的输出，以至于鉴别器不再能够识别该输出和训练数据之间的差异为止。

当然，为了使读者能够构建自己的 GAN，在此还应该进行一些细节的介绍，接下来将深入了解一下生成器。

### 13.2.2　生成器的体系结构

在这个例子中使用的网络层的数量是适合于一个 $28 \times 28$ 像素的灰度级图像生成的，该图像的生成也正是稍后将在 MNIST 示例中要完成的任务。如果读者之前没有使用过生成器，那么生成器的算法对您来说可能会显得有些棘手，因此接下来将在每一个层中对它们进行介绍。图 13-2 所示为该体系结构。

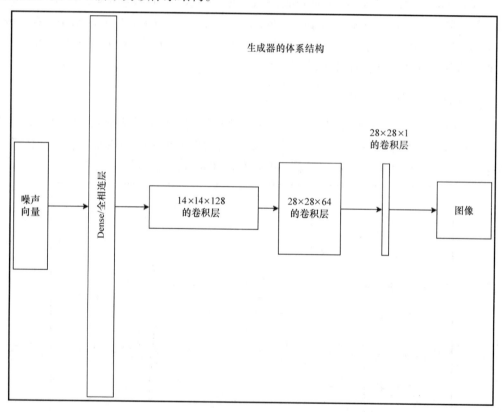

图 13-2

生成器的输入只是一个 $100 \times 1$ 的随机向量，称之为噪声向量。当这个噪声向量以正态分布进行产生时，GAN 往往会表现得最好。

网络的第一层是一个 Dense 层，并且是全相连的。它提供了一种设置线性参数的方法，以便最终得到正确的输出构形。对于每个卷积块，最终将实现的是第一和第二轴（最终将成为图像高度和宽度的行和列）的加倍操作，而通道的数量则逐渐缩小到 1。最终需要输出的图像的高度和宽度均为 28。因此，需要从 $7 \times 7 \times 128$ 的张量开始，这样它可以过渡到 $14 \times 14$，进而最终过渡到 $28 \times 28$。为了实现这一点，将卷积 Dense 层的大小设置为 $128 \times 7 \times 7$ 的神经元或 6272 个单元。为此，还需将输入 Dense 层的输出重新整形为 $7 \times 7 \times 128$。如果现在看起来有点不太清楚，请不要担心，在进行后续的编码之后，它们都将带来具体的意义。

在全相连层之后，事情就变得更加简单了。就像一直以来所做的那样，在此也将使用卷积层。然而，这次将反向使用它们，即不再使用最大池来进行样本的下采样。相反，在此采用的是增取样，以便在进行视觉特征的学习中使用卷积来实现网络构建，并最终输出一个恰当构形的张量。

通常，生成器中最后一层的激活函数为双曲正切函数，并且训练图像矩阵中的元素被规格化到 $-1\sim1$ 之间。这也是将在本章中提到的众多 GAN 技巧之一。研究人员已经发现了几个被实践经验证明有助于构建稳定 GAN 的方法，其中大部分可以在 Soumith Chintala 的 GitHub 上找到，他也正是 https://github.com/soumith/ganhacks 上原创的 DCGAN 论文的作者之一。

### 13.2.3 鉴别器的体系结构

鉴别器的体系结构更像在前几章中已经看到的结构，它实际上就是一个典型的图像分类器，如图 13-3 所示。其输出是一个 sigmoid 激活的输出，因为鉴别器将预测输入图像是否是真实图像集成员的概率。鉴别器要解决的是一个二元分类问题。

既然已经对 DCGAN 的体系结构及其各个层进行了介绍，下面就来看看这种架构是如何进行训练的。

### 13.2.4 堆训练

就像之前在本书中进行的网络训练一样，DCGAN 的架构也是使用小批量进行训练的。但是，稍后当进行代码构建时，应该注意到正在构建的是一个循环的训练，它将揭示每个小批量更新中所发生的控制操作，而不是仅仅调用 models.fit（）方法并依赖 Keras 进行处理。之所以这样做的原因，是因为 GAN 训练需要在同一个小批量上进行几个模型权重的更新，因此它比之前所做的单个参数的更新要复杂一些。

对于每个训练小批量，DCGAN 的训练将分两步来进行。

#### 1. 第 1 步——训练鉴别器

在一个小批量的训练中，DCGAN 训练的第一步是通过实际数据和生成数据对鉴别器进行训练。给实际数据的标签是 1，给仿造数据的标签则是 0。

#### 2. 第 2 步——训练堆

在鉴别器完成了它的权重更新之后，将鉴别器和生成器作为一个模型来一起进行训练。在此过程中，将使鉴别器的权重设定为不可训练的，将它们冻结在原有值上，但仍然允许鉴别器反向传播梯度到发生器，以便生成器可以进行其权重的更新。

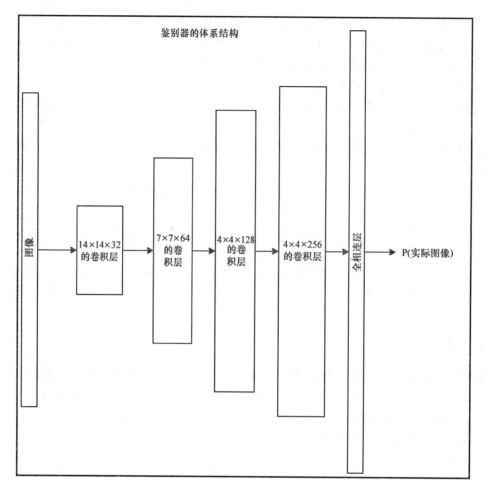

图 13-3

在进行该训练过程中的这一步骤时，将使用噪声向量作为输入，生成器则生成一幅此输入下所对应的图像，并将其呈现给鉴别器，进而启动鉴别器对该图像进行预测，并判断其是否属于真实的训练数据。此过程如图 13-4 所示。

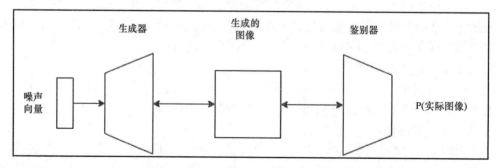

图 13-4

鉴别器将给出一些相关的预测，我们可以将其记为$\hat{y}$。这个训练堆的 loss 函数将是一个二元交叉熵，并且将为该 loss 函数传递一个值为 1 的标签，我们可以将其记为 $y$。正如本书前面所介绍的那样，$y$ 和 $\hat{y}$ 之间的 loss 的差值将被转换为梯度，并通过鉴别器回传到生成器。误差的反向传播将更新生成器的权重，并使其从鉴别器对问题空间的了解中获得收益，以便它可以学习进行更真实的生成图像的创建。

然后，重复进行以上这两个训练步骤，希望直到生成器创建的数据能够与训练集中的数据相类似，并使得鉴别器不能再区分这两个数据集时为止。此时，对鉴别器来说，其鉴别活动就变成了一个猜谜游戏。同时，生成器也将不再能够进行改进。当发现这个纳什均衡时，网络就完成了它的训练。

## 13.3   GAN 如何失效

GAN 的训练可以说是一件棘手的事情。在进行 GAN 的训练过程中，有很多方法都失败了。在本章后续将展示两个可运行的 GAN 之前，先来看一下哪些东西有可能会崩溃，以及如何修复这些问题。

### 13.3.1   稳定性

GAN 的训练需要在鉴别器和生成器之间进行仔细的平衡。一方面，鉴别器和发生器都在为深度网络的霸权而相互竞争。另一方面，它们也需要彼此学习和成长。为了保证这种作用的进行，任何一方都无法征服另一方。

在一个不稳定的 GAN 中，鉴别器可能会征服生成器，并且确定生成器的输出是仿造的数据。此时，loss 则变为 0，并且没有可用的梯度反向传播到生成器，因此生成器也无法再进行改进，GAN 网络也就此终结。解决这个问题的最佳方法是降低鉴别器的学习率。用户也可以尝试减少鉴别器体系结构中神经元的整体数量，尽管这些神经元也可以在训练的后期被丢弃。总的来说，调整网络体系结构和超参数是避免发生这种情况的最佳方法。

当然，情况也可能是相反的，就像模式塌缩的情况一样。

### 13.3.2   模式塌缩

模式塌缩（Mode Collapse）是 GAN 失效的一种类似且相关的方式。在模式塌缩中，生成器在一个多模态分布中学到了一种模式，并选择始终使用该方法来进行鉴别器的开发。如果用户的训练集中有鱼和小猫，而生成器只会生成一些奇怪的小猫，却不能生成鱼，那就说明遇到了模式塌缩。在这种情况下，增强鉴别器的能力可能会有所帮助。

## 13.4   GAN 的安全选择

之前曾提到过 Soumith Chintala 的有关 GAN 技巧的 GitHub 库（https://github.com/soumith/ganhacks），当用户试图让自己的 GAN 变得稳定时，这是一个很好的起点。此前我们已经讨论了训练一个稳定的 GAN 有多么困难，现在来谈谈一些可能帮助用户成功的安全选择，这些选择都可以在存储库中找到。尽管该 GitHub 库所给出的技巧有很多，但以下是作者给出的一些首选的建议，这也是在本章之前还没有介绍过的。

1）Batch norm：使用批量规格化时，为真实数据和仿造数据构建不同的小批量，并分别进行更新。

2）Leaky ReLU：Leaky ReLU 是 ReLU 激活函数的一个变体。回想一下，ReLU 函数的表达式为 $f(x) = \max(0, x)$。

然而，Leaky ReLU 的表达式为

$$f(x) = \begin{cases} x, & \text{当 } x \geqslant 0 \text{ 时} \\ \alpha * x, & \text{当 } x < 0 \text{ 时} \end{cases}$$

当网络单元未激活时，Leaky ReLU 允许非常小的非零梯度的存在，以避免梯度消失的发生。就像在鉴别器和发生器的组合中所做的那样，当多个层堆叠在一起时，梯度消失总是一个问题。

3）在发生器中使用 Dropout：这将提供噪声并防止模式塌缩。

4）使用软标签：对于实际数据的样本，使用介于 0.7~1 之间的标签，对于仿造数据样本，使用介于 0~0.3 之间的标签。这种噪声有助于保持信息从鉴别器流向发生器。

在本章的其他地方还介绍了很多可用的其他 GAN 技巧，但是，在成功实施一个 GAN 的过程中，这几个技巧是比较重要的。

## 13.5  使用 Keras GAN 进行的 MNIST 图像生成

在之前的工作中曾用到过 MNIST 数据集，但这里将使用 GAN 来生成类似于 MNIST 的新图像。训练一个 GAN 通常需要很长的时间，但是，将要进行的这个问题是很小的，以至于可以在大多数笔记本电脑上，通过几个小时的运行而进行，这使它成为了一个很好的例子。稍后将把此示例扩展到 CIFAR-10 图像数据集上。

在这里所使用的网络体系结构是由包括 DCGAN 论文的作者和许多像 Erik Linder-Norén 这样的人创建并进行优化的，它们是优秀的 GAN 实现的集锦，被称为 Keras GAN（https://github.com/eriklindernoren/Keras-GAN），也是将在这里使用的代码的基础。如果您想知道我是怎样实现这些体系结构选择并在这里使用它们的，那就是因为我是站在巨人肩膀上的。

### 13.5.1  加载数据集

MNIST 数据集由 60000 个从 0~9 的手写数字组成，Keras 提供了一个内置的装载程序，可将其分为 50000 个训练图像和 10000 个测试图像。使用以下代码进行数据集的加载：

```
from keras.datasets import mnist

def load_data():
    (X_train, _), (_, _) = mnist.load_data()
    X_train = (X_train.astype(np.float32) - 127.5) / 127.5
    X_train = np.expand_dims(X_train, axis=3)
    return X_train
```

可以看出,在此没有返回任何标签或测试数据集。这里只使用训练数据集,标签也是不需要的,因为将使用的标签仅为仿造数据的 0 和真实数据的 1。这些数据都是真实的图像数据,因此它们将在鉴别器上被分配一个为 1 的标签。

### 13.5.2 构建生成器

生成器使用了一些新的网络层,将在本节中进行讨论。首先,花点时间浏览以下代码:

```
def build_generator(noise_shape=(100,)):
    input = Input(noise_shape)
    x = Dense(128 * 7 * 7, activation="relu")(input)
    x = Reshape((7, 7, 128))(x)
    x = BatchNormalization(momentum=0.8)(x)
    x = UpSampling2D()(x)
    x = Conv2D(128, kernel_size=3, padding="same")(x)
    x = Activation("relu")(x)
    x = BatchNormalization(momentum=0.8)(x)
    x = UpSampling2D()(x)
    x = Conv2D(64, kernel_size=3, padding="same")(x)
    x = Activation("relu")(x)
    x = BatchNormalization(momentum=0.8)(x)
    x = Conv2D(1, kernel_size=3, padding="same")(x)
    out = Activation("tanh")(x)
    model = Model(input, out)
    print("-- Generator -- ")
    model.summary()
    return model
```

以前没有使用过 UpSampling2D 层,该层将对输入张量的行和列进行扩增,并使通道的数量保持不变,它通过重复输入张量中的值来实现。默认情况下,它会使输入加倍。如果为 UpSampling2D 层提供一个 $7 \times 7 \times 128$ 的输入,则该层将提供一个 $14 \times 14 \times 128$ 的输出。

通常,当构建一个 CNN 时,从一个非常高和宽的图像开始,并使用卷积层来获得一个非常深但其高和宽均较小的张量,而在这里将反其道而行之。下面将使用一个 Dense 层和一个重塑层,并以一个 $7 \times 7 \times 128$ 张量开始,然后,在对它进行加倍之后,将得到一个 $28 \times 28$ 的张量。由于需要的是一个灰度级图像,因此可以使用一个具有单一单元的卷积层来获得一个 $28 \times 28 \times 1$ 的输出。

这个生成器算法初看起来有点麻烦,但忍耐几个小时之后,您将会掌握它。

### 13.5.3 构建鉴别器

鉴别器在很大程度上与之前介绍过的任何其他 CNN 都是相同的。当然,这里也有几个新的东西,之后将做进一步介绍。使用以下的代码来进行鉴别器的构建:

```
def build_discriminator(img_shape):
    input = Input(img_shape)
    x =Conv2D(32, kernel_size=3, strides=2, padding="same")(input)
    x = LeakyReLU(alpha=0.2)(x)
    x = Dropout(0.25)(x)
    x = Conv2D(64, kernel_size=3, strides=2, padding="same")(x)
```

```
x = ZeroPadding2D(padding=((0, 1), (0, 1)))(x)
x = (LeakyReLU(alpha=0.2))(x)
x = Dropout(0.25)(x)
x = BatchNormalization(momentum=0.8)(x)
x = Conv2D(128, kernel_size=3, strides=2, padding="same")(x)
x = LeakyReLU(alpha=0.2)(x)
x = Dropout(0.25)(x)
x = BatchNormalization(momentum=0.8)(x)
x = Conv2D(256, kernel_size=3, strides=1, padding="same")(x)
x = LeakyReLU(alpha=0.2)(x)
x = Dropout(0.25)(x)
x = Flatten()(x)
out = Dense(1, activation='sigmoid')(x)

model = Model(input, out)
print("-- Discriminator -- ")
model.summary()
return model
```

首先，注意一个奇数构形的 zeroPadding2D（）层。在第二个卷积层之后，张量从 $28 \times 28 \times 3$ 变成了 $7 \times 7 \times 64$。然后，在行和列的一侧分别添加一个零，使这一层又成为一个偶数的层，因此，此时所得到的张量为 $8 \times 8 \times 64$。

更不寻常的是，在这里同时使用了批量规格化和 Dropout。通常，这两个层是不会一起使用的，然而，就 GAN 而言，这么做似乎确实是有利于网络的。

### 13.5.4　堆叠模型的构建

至此已经完成了生成器和鉴别器的构建，还需要进行第三个模型的构建，它是上述两个模型的堆叠。在已知鉴别器 loss 的情况下，可以使用它来进行生成器的训练。

为此，可以创建一个新的模型。这次使用之前所定义的模型作为新模型中的层，如下面的代码所示：

```
discriminator = build_discriminator(img_shape=(28, 28, 1))
generator = build_generator()

z = Input(shape=(100,))
img = generator(z)
discriminator.trainable = False
real = discriminator(img)
combined = Model(z, real)
```

请注意，在构建模型之前，将鉴别器的训练属性设置为 False。这意味着对于该模型，将不会在反向传播期间更新鉴别器的权重。正如在堆叠训练部分中提到的，在堆叠训练过程中将冻结鉴别器的这些权重，仅对生成器的权重进行移动。鉴别器的训练是在堆外进行的。

至此，所有模型均已构建，现在需要对它们进行编译，如下面的代码所示：

```
gen_optimizer = Adam(lr=0.0002, beta_1=0.5)
disc_optimizer = Adam(lr=0.0002, beta_1=0.5)

discriminator.compile(loss='binary_crossentropy',
                            optimizer=disc_optimizer,
                            metrics=['accuracy'])

generator.compile(loss='binary_crossentropy', optimizer=gen_optimizer)

combined.compile(loss='binary_crossentropy', optimizer=gen_optimizer)
```

请注意，正在创建的是两个目定义的 Adam 优化器。这是因为很多时候只想改变鉴别器或生成器的学习速率，以减慢一个或另一个的学习速度，这样最终将得到一个稳定的 GAN。其中，鉴别器或生成器，两者都没有征服对方。还可以看出这里使用的是 beta_1 = 0.5。这是来自之前所提到的 DCGAN 原创论文所给出的一个建议，在此采纳了这个建议，也取得了成功。此处的学习率为 0.0002，这也是一个很好的起点，也可以在原创的 DCGAN 论文中找到。

## 13.5.5 训练循环

之前是得益于 .fit（）方法在该模型上调用的，从而让 Keras 完成将数据分成小批量的烦琐过程，并对模型进行训练。

不幸的是，由于需要使用单一训练小批量来对鉴别器和堆叠模型分别进行权重的更新，所以将不得不通几个循环，以原始的方法来进行这些处理。这也是过去一直所做的事情，所以尽管要做的工作可能会多一些，但它确实让人有一种怀旧感。以下代码说明了训练过程的相关技巧：

```
num_examples = X_train.shape[0]
num_batches = int(num_examples / float(batch_size))
half_batch = int(batch_size / 2)

for epoch in range(epochs + 1):
  for batch in range(num_batches):
      # noise images for the batch
      noise = np.random.normal(0, 1, (half_batch, 100))
      fake_images = generator.predict(noise)
      fake_labels = np.zeros((half_batch, 1))
      # real images for batch
      idx = np.random.randint(0, X_train.shape[0], half_batch)
      real_images = X_train[idx]
      real_labels = np.ones((half_batch, 1))
      # Train the discriminator (real classified as ones and
      generated as zeros)
      d_loss_real = discriminator.train_on_batch(real_images,
        real_labels)
      d_loss_fake = discriminator.train_on_batch(fake_images,
        fake_labels)
      d_loss = 0.5 * np.add(d_loss_real, d_loss_fake)
      noise = np.random.normal(0, 1, (batch_size, 100))
      # Train the generator
```

```
g_loss = combined.train_on_batch(noise, np.ones((batch_size, 1)))
  # Plot the progress
print("Epoch %d Batch %d/%d [D loss: %f, acc.: %.2f%%] [G loss:
  %f]" %
(epoch,batch, num_batches, d_loss[0], 100 * d_loss[1], g_loss))
  if batch % 50 == 0:
      save_imgs(generator, epoch, batch)
```

可以肯定的是，这里有很多事情要做。和以前一样，需要一块一块地对它们进行分解。首先，看一下生成噪声向量的代码：

```
noise = np.random.normal(0, 1, (half_batch, 100))
fake_images = generator.predict(noise)
fake_labels = np.zeros((half_batch, 1))
```

该代码生成噪声向量矩阵（之前称之为 $z$），并将其发送到生成器。同时它还要获取一组生成器所生成的图像，这里称为仿造图像。下面将使用这些仿造图像来训练鉴别器，因此要使用的标签均为 0，表明这些实际上是生成的图像。

请注意，这里的构形是 half_batch $\times$ 28 $\times$ 28 $\times$ 1。而 half_batch 也正是读者需要了解的。在此，之所以创建一个半批量的生成图像，因为批量的另一半将是真实的图像数据，将在下面对其进行组装。为了获得真实图像，将在 X_train 上生成一组随机索引，并使用该片段的 X_train 作为真实图像，如下面的代码所示：

```
idx = np.random.randint(0, X_train.shape[0], half_batch)
real_images = X_train[idx]
real_labels = np.ones((half_batch, 1))
```

 在这种情况下，是以交替的方式进行抽样的。尽管它确实有效，但它可能不是实施 minibatch 训练的最佳方式。但是，这可能是一种最简单和最常见的方式。

由于将使用这些图像来进行鉴别器的训练，并且因为它们是真实的图像，所以会把它们的标签赋值为 1，而不是 0。至此，已经完成了鉴别器训练集的组装，下面将进行鉴别器权重的更新。另请注意，在此没有使用之前讨论过的软标签。那是因为想让事情尽可能变得容易理解。幸运的是，在这种情况下，网络也不需要它们。使用以下代码来进行鉴别器的训练：

```
# Train the discriminator (real classified as ones and generated as zeros)
d_loss_real = discriminator.train_on_batch(real_images, real_labels)
d_loss_fake = discriminator.train_on_batch(fake_images, fake_labels)

d_loss = 0.5 * np.add(d_loss_real, d_loss_fake)
```

请注意，我在这里使用了鉴别器的 train_on_batch（）方法。这是作者第一次在书中使用这种方法。train_on_batch（）方法只执行一轮前向和反向传播。每次调用它时，它都会从模型的先前状态对模型进行一次更新。

另请注意，通过真实图像和仿造图像所进行的更新是分别进行的。这也是之前在生成器体系结构部分所提到的 GAN 技巧 GitHub 库中给出的建议。特别是在训练的早期阶段，当真实图像和仿造图像来自完全不同的分布时，如果将两组数据放在同一更新过程中，那么批量规格化将导致训练出现问题。

至此，已经完成了鉴别器的更新，现在到了更新发生器的时候了。发生器权重的更新是通过组合堆的更新来间接完成的，如以下代码所示：

```
noise = np.random.normal(0, 1, (batch_size, 100))
g_loss = combined.train_on_batch(noise, np.ones((batch_size, 1)))
```

为了实现组合堆叠模型的更新，创建一个新的噪声矩阵，这次它将与整个小批量一样大。将它用作堆的输入，使得生成器进行图像的生成，并使用鉴别器来对该图像进行评估。最后，使用赋值为 1 的标签，因为想要对真实图像和生成的图像之间误差进行反向传播。

最后，训练循环将给出当前 epoch/batch 的鉴别器和生成器 loss。此外，在每个训练 epoch 中，每 50 个训练小批量，将使用 save_imgs 来生成示例图像，并将它们保存到磁盘。如下面的代码所示：

```
print("Epoch %d Batch %d/%d [D loss: %f, acc.: %.2f%%] [G loss: %f]" %
      (epoch,batch, num_batches, d_loss[0], 100 * d_loss[1], g_loss))

if batch % 50 == 0:
    save_imgs(generator, epoch, batch)
```

在进行训练的过程中，save_imgs 函数使用生成器来进行图像的创建，因此可以看到劳动成果。使用以下代码来进行 save_imgs 的定义：

```
def save_imgs(generator, epoch, batch):
    r, c = 5, 5
    noise = np.random.normal(0, 1, (r * c, 100))
    gen_imgs = generator.predict(noise)
    gen_imgs = 0.5 * gen_imgs + 0.5

    fig, axs = plt.subplots(r, c)

    cnt = 0
    for i in range(r):
    for j in range(c):
            axs[i, j].imshow(gen_imgs[cnt, :, :, 0], cmap='gray')
            axs[i, j].axis('off')
            cnt += 1
    fig.savefig("images/mnist_%d_%d.png" % (epoch, batch))
    plt.close()
```

它仅用到了生成器，通过创建一个噪声矩阵来返回一个图像矩阵。然后，使用 matplot-lib.pyplot，以 $5 \times 5$ 的矩阵的形式将这些图像保存到磁盘中。

### 13.5.6  模型评估

在构建一个深度神经网络来创建图像时，关于图像好坏的判定有时是有点主观的。下面来看一下训练过程中所生成的一些示例图像，这样读者就可以亲自看到 GAN 是如何开始学会生成 MNIST 图像的。

以下为第一个 epoch 的第一训练批量中网络所给出的结果。显然，生成器此时并不知道有关 MNIST 图像生成的任何信息，它给出的仅是一些噪声，如图 13-5 所示。

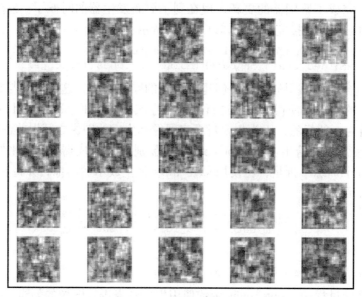

图 13-5

但是，仅在 50 个小批量之后，情况正在发生改变，如图 13-6 所示。

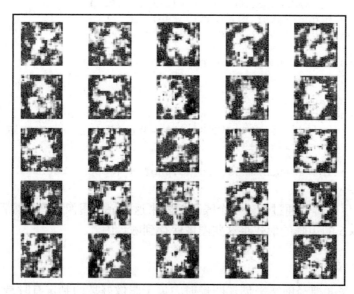

图 13-6

在 epoch 0 的第 200 个小批量之后，如图 13-7 所示，几乎可以看到数字了。

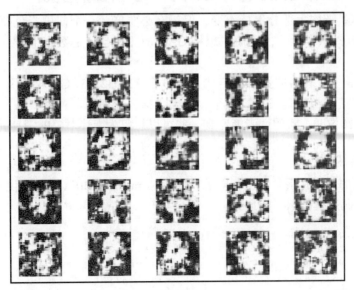

图 13-7

以下给出的是在一个完整的 epoch 之后生成器所给出的结果。这些生成的数字看起来非常好，从而可以看出鉴别器是如何被它们欺骗的了。此时，也许还可以继续进行一点改进，但看起来该 GAN 已经起作用了，因为计算机正在生成一些相当令人信服的 MNIST 数字，如图 13-8 所示。

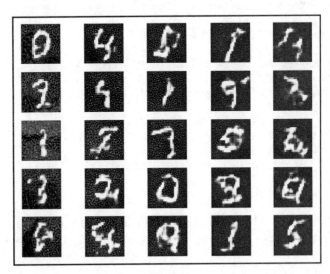

图 13-8

在结束本章之前，再看一个使用彩色图像的例子，尽管其大部分代码都是相同的。

# 13.6  使用 Keras GAN 进行 CIFAR-10 图像的生成

虽然网络体系结构大部分保持不变，但仍有必要展示一个使用彩色图像的示例，并且在 GitHub 库中也提供了示例，以便在想将 GAN 应用到自己的数据上时，可以从这里开始进行。

CIFAR-10 是一个著名的数据集，由 60000 个 $32 \times 32 \times 3$RGB 彩色图片组成，包含 10 个类别的对象。这些类别是飞机、汽车、鸟类、猫、鹿、狗、青蛙、马、船和卡车。在稍后看到所生成的图像时，希望读者能看到一些可以想象为上述对象的图片。

## 13.6.1  加载 CIFAR-10

数据集加载的过程几乎是完全相同的，因为 Keras 也为 CIFAR-10 提供了一个加载程序，可以使用以下代码进行数据集的加载：

```
from keras.datasets import cifar10
def load_data():
  (X_train, y_train), (X_test, y_test) = cifar10.load_data()
  X_train = (X_train.astype(np.float32) - 127.5) / 127.5
  return X_train
```

## 13.6.2  构建生成器

由于生成器需要生成 $32 \times 32 \times 3$ 的图像，因此需要对该网络体系结构做两个小小的改变，可以在以下的代码中看到：

```
input = Input(noise_shape)
x = Dense(128 * 8 * 8, activation="relu")(input)
x = Reshape((8, 8, 128))(x)
x = BatchNormalization(momentum=0.8)(x)
x = UpSampling2D()(x)
x = Conv2D(128, kernel_size=3, padding="same")(x)
x = Activation("relu")(x)
x = BatchNormalization(momentum=0.8)(x)
x = UpSampling2D()(x)
x = Conv2D(64, kernel_size=3, padding="same")(x)
x = Activation("relu")(x)
x = BatchNormalization(momentum=0.8)(x)
x = Conv2D(3, kernel_size=3, padding="same")(x)
out = Activation("tanh")(x)
model = Model(input, out)
```

因为最终需要得到一个 $32 \times 32$ 的构形，并且将进行两次以上采样，所以应该从 $8 \times 8$ 的构形开始。这很容易实现，即通过将 $128 \times 7 \times 7$ 的 Dense 层及其相应的重塑层改变为 $128 \times 8 \times 8$ 即可。

在此，由于该图像包含三个通道，因此最后一个卷积层也需要包含三个通道，而不是一个通道。对于生成器来说，需要做的也就是这些。现在，已经可以生成一幅彩色图像了。

### 13.6.3 构建鉴别器

鉴别器几乎没有变化，只是输入层需要从 $28 \times 28 \times 1$ 更改为 $32 \times 32 \times 3$。ZeroPadding2D 也可以被删除，因为网络层算法的运行也不需要它。

### 13.6.4 训练循环

除了鉴别器构建的调用之外，训练循环也将保持不变。鉴别器构建的调用需要与 CIFAR-10 的图像人小相对应的新维度，如以下代码所示：

```
discriminator = build_discriminator(img_shape=(32, 32, 3))
```

 通常情况下，当从一个数据集迁移到另一个数据集时，需要对学习率或网络架构进行调整。幸运的是，在这个例子中情况并非如此。

### 13.6.5 模型评估

CIFAR-10 数据集肯定要更复杂一些，网络参数也更多一些，因此，该模型的训练需要更长的时间。图 13-9 所示为 epoch 0，第 300 个训练小批量时所生成的图像的模样。

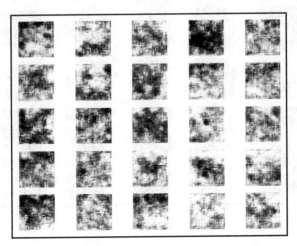

图 13-9

初看起来，可能会看到一些轮廓。但细看起来，它们其实并不像我们所希望的任何对象。如果再等待几个 epoch 的训练之后，就会清楚地看到模糊的松鼠和奇怪的鱼。可以看到一些东西正在形成，只是有点模糊，如图 13-10 所示。

图 13-11 所示为 12 个 epoch 之后生成器所给出的结果。

可以看到分辨率非常低的鸟类、鱼类，或许是飞机和卡车。尽管还有很长的路要走，但该网络已经学会了图像的创建，这是非常令人兴奋的。

图 13-10

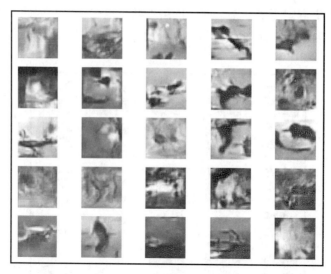

图 13-11

## 13.7　小结

　　本章对 GAN 以及如何将它们用于新图像的生成进行了研究。本章学到了一些很好地构建 GAN 的规则，甚至学会了 MNIST 和 CIFAR-10 图像的临摹。可以肯定的是，读者可能已经在媒体上看到了由 GAN 创建的一些令人惊叹的图像。通过本章的阅读并完成这些示例后，也可以使用这些工具来实现同样的效果。唯一的限制就是用户自己的想象力、数据集和 GPU 预算了。

本书还介绍了许多深度学习的应用，从简单回归到生成对抗网络。作者对本书的最大希望在于它可以帮助读者进行深度学习技术的实际应用，其中的许多技术只存在于学术界和研究领域，还没有进入实践数据科学家或机器学习工程师的工作范畴。同时，就如何构建更好的深度神经网络，以及何时使用深度网络而不是更传统的模型，在此希望作者也为您提供一些建议。

*"We are all apprentices in a craft where no one ever becomes a master."*

*——Ernest Hemingway*

我们都是一门手艺的学徒，没有人能成为大师。

欧内斯特·海明威（美国作家）